Ernst Probst / Raymund Windolf

Dinosaurierspuren in Niedersachsen

Widmung

Regina Cossmann gewidmet,
die bei der Entstehung der Werke
„Dinosaurier in Deutschland" (1993)
und „Dinosaurierspuren in Niedersachsen (2019)
wertvolle Hilfe geleistet hat!

Verlag:
Ernst Probst:
Im See 11, 55246 Mainz-Kostheim
Telefon: 06134/21152
E-Mail: ernst.probst (at) gmx.de
ISBN: 978-3-384-44943-6

Herstellung: Tredition GmbH, Ahrensburg

Rundliche Fußabdrücke vom Elefantenfußdinosaurier und dreizehige Fußabdrücke vom Raubtierfußdinosaurier aus der Oberjurazeit vor etwa 156 bis 153 Millionen Jahren von Bad Essen-Barkhausen (Kreis Osnabrück) in Niedersachsen. Foto: Basotxerri / CC BY-SA 4.0 (via Wikimedia Commons), lizensiert unter Creative Commons-Lizenz by-sa-4.0, https://creativecommons.org/licenses/by-sa/4.0/legalcode

Dreizehiger Fußabdruck eines Dinosauriers aus der Unterkreidezeit vor etwa 145 bis 140 Millionen Jahren in einem Steinbruch auf dem Bückeberg bei Obernkirchen.
Foto: Axel _Hindemith / CC BY-SA 3.0.

Vorwort

In Niedersachsen haben in der Jurazeit (etwa 201 bis 145 Millionen Jahre) und in der Kreidezeit (etwa 145 bis 65 Millionen Jahre) pflanzen- und fleischfressende Dinosaurier imposante Fußabdrücke und bis zu 100 Meter lange Fährten hinterlassen. Die eindrucksvollsten runden bis ovalen Trittsiegel von bis zu 30 Meter langen Elefantenfußdinosauriern sind 1,30 Meter groß. Der größte Fußabdruck, den ein bis zu 10 Meter langer Raubdinosaurier in Niedersachsen hinterlassen hat, misst 73 Zentimeter. Was man aus Trittsiegeln und Fährten herauslesen kann, schildert das Buch „Dinosaurierspuren in Niedersachsen". Verfasser sind der Wissenschaftsautor Ernst Probst und der Paläontologe Raymund Windolf (1953–2010). Aus ihrer Feder stammt das Buch „Dinosaurier in Deutschland" (1993).

Dreizehige Fußabdrücke eines Dinosauriers aus der Unterkreidezeit vor etwa 140 Millionen Jahren in einem Steinbruch bei Münchehagen. Foto: Institut für Geologie und Paläontologie der Universität Hannover

Inhalt

Zeichnung des Bückeberges,
geschaffen 1819 von dem Maler und Kupferstecher
Anton Wilhelm Strack (1758–1829)

Dinosaurierspuren in Norddeutschland

Dinosaurierfunde aus der Triaszeit (etwa 252 bis 201 Millionen Jahre) kamen hauptsächlich im südlichen Deutschland zum Vorschein. Dinosaurierfundstätten aus der Jurazeit (etwa 201 bis 145 Millionen Jahre) liegen sowohl in Süd- als auch in Norddeutschland. Dagegen stammen die Dinosaurierfunde der Kreidezeit (etwa 145 bis 65 Millionen Jahre) bis jetzt ausschließlich aus Landschaften der nördlichen Mittelgebirge. Genau genommen sind es sogar nur zwei Bereiche, die sowohl Knochen- als auch Fährtenfunde gebracht haben: In Niedersachsen sind es die Rehburger Berge und die Bückeberge, in Nordrhein-Westfalen das Sauerland bei Brilon und das Wiehengebirge..

Seit mehr als 100 Jahren kennt man sowohl aus den Rehburger Bergen südlich des Steinhuder Meeres als auch aus den Bückebergen mit dem vorgelagerten Harrl westlich von Hannover eine Vielzahl unterschiedlichster Dinosaurierfährten und seltener auch Knochenfunde.

1851 wurden in England die ersten Fährtenfunde in Unterkreideschichten, dem sogenannten „Wealden“ (das der südostenglischen Landschaft „Weald“ seinen Namen verdankt), entdeckt. Nur knappe 30 Jahre später fand 1879 der Geologe Carl Eberhard Friedrich Struckmann (1833–1898) aus Hannover in den Steinbrüchen des Wölpinghauser Berges in den Rehburger Bergen dreizehige Fußspuren. Fast gleichzeitig entdeckte der Geologe Heinrich Grabbe (1858 geboren) aus Liekwegen ebensolche Fährten in den Steinbrüchen des Bückeberges.

Nach dem Stand der heutigen Geologie gehört das „norddeutsche Wealden" in die Anfänge der Unterkreidezeit, die Stufe Berrias, und ist damit rund 140 Millionen Jahre alt. In dieser sogenannten Bückeburg-Formation erstreckte sich im südlichen Niedersachsen ein großes Binnenseegebiet, das „Niedersächsische Becken", dessen Süßwasser nur selten durch eine im Osten gelegene Verbindung Kontakt zum salzigen Meereswasser bekam. In dem gewaltigen „Binnenmeer" lagerten sich Tone und Sande ab, die schon seit Jahrzehnten als Obernkirchner und Rehburger Sandstein in Brüchen abgebaut werden. Zahlreiche Gebäude in dieser Gegend sind aus diesem Sandstein gebaut. Da zwischen den Sandsteinen Kohleflöze eingelagert sind, die ebenfalls abbauwürdig waren, weiß man, dass es während der Unterkreidezeit in Norddeutschland warm war und eine üppige Vegetation wucherte. Aus Baumstämmen und Blättern von Ginkgobäumen, Farnen, Palmfarnen und Schachtelhalmen entstand im Laufe von Jahrmillionen die Steinkohle. Wie die zahlreichen Fährten beweisen, fanden auch die Dinosaurier in diesem Klima günstige Lebensbedingungen vor. Echsenbeckendinosaurier, wie Elefantenfußdinosaurier (Sauropoden) und Raubtierfußdinosaurier (Theropoden), beherrschten weiterhin die Landfauna, aber der bevorstehende Aufstieg der Vogelbeckendinosaurier (Ornithischier) lässt sich durch die Häufigkeit ihrer Fährten schon belegen. Der Text des Buches „Dinosaurierspuren in Niedersachsen" stammt aus dem Buch „Dinosaurier in Deutschland" (1993) des Wissenschaftsautors Ernst Probst und des Paläontologen Raymund Windolf (1953–2010). Probst begann 2019 damit, Kapitel aus „Dinosaurier in Deutschland" zu aktualisieren und als E-Books und kleine Bücher zu veröffentlichen.

Barkhausen: Dinosaurierspuren an der Wand

Wenn man von der Norddeutschen Tiefebene aus nach Süden fährt, erhebt sich am Horizont eine Hügelkette, nämlich das Wiehengebirge. In seinen Steinbrüchen treten Gesteine der unterschiedlichsten Erdzeitalter an die Oberfläche.

Bereits in den frühen 1920er Jahren wurden im Dorf Barkhausen an der Hunte östlich von Onsabrück fossile Fährten von Dinosauriern gefunden. Anders als die vergleichbaren Fährten von Münchehagen stammen sie aber nicht aus der Unterkreidezeit vor ungefähr 140 Millionen Jahren, sondern aus der Oberjurazeit vor 156 bis 153 Millionen Jahren.

Vor der Entdeckung der Münchehagener Fährten im Juli 1979 waren dies die bedeutendsten Dinosaurierfährtenfunde Deutschlands, und bis heute sind sie hierzulande die einzigen ihrer Art aus der zweiten Jurahälfte geblieben.

In einem stillgelegten Steinbruch des nördlichen Wiehengebirges machte 1921 der Gießener Professor Walter Klüpfel (1888–1964) eine aufregende Entdeckung. Im lieblichen Tal der Hunte, eines kleinen Flüsschens, das hier das Gebirge nach Norden verlässt, fand er die Fährten von vorzeitlichen Tieren. Walter Klüpfel sollte für die Deutsch-Luxemburgische Bergwerk- und Hütten-AG in Dortmund geologische Untersuchungen über Eisenerzlagerstätten durchführen. Wie so oft, war seine Entdeckung nur ein zufälliges Nebenprodukt einer ganz anderen Arbeit. Als Nichtfachmann übergab Klüpfel die nähere Untersuchung der von ihm entdeckten Fährten dem ausgewiesenen Spezialisten für fossile Fährten, dem Bückeburger Max Ballerstedt (1887–1945). Dieser wurde

Rundliche und dreizehige Fußabdrücke von Dinosauriern in einem Steinbruch bei Barkhausen an der Hunte aus der Oberjurazeit vor etwa 155 bis 153 Millionen Jahren.
Foto: Basoxterri / CC BY-SA 4.0 (viw Wikimedia Commons9, lizensiert unter Creative Commons-Lizenz by-sa-4.0-de, https://creativecommons.org/licenses/by-sa/4.0/legalcode.de

damit zum er-stenmal mit einer Fährte aus der Jurazeit konfrontiert. Voher hatte er mit Fährten aus der Kreidezeit zu tun.

Noch 1921 besuchte Ballerstedt Barkhausen, um sich ein eigenes Bild von der Entdeckung des Ingenieurs zu machen. Er konnte nicht nur bestätigen, dass im Steinbruch Bathauer „Spuren eines vorsintflutlichen Tieres" zu sehen seien, sondern schrieb an den Steinbruchbesitzer einen Brief, in dem er diesem mitteilte, das es sich bei dem Gebilde an der Südwand seines Steinbruches um eine „eigenartige, wissenschaftlich sehr beachtenswerte Spur eines großen,

plumpen Schrecksauriers" handle. Ballerstedt erkannte zwar, dass die Gesteine in die Oberjurazeit gehörten, datierte sie aber auf nur ein Alter von etwa 7 bis 10 Millionen Jahren.

Ballerstedt führte weiter aus, dass die Gesteinsschicht, auf der die Fährte entlang führt, damals die Erdoberfläche bildete, aber noch kein fester Stein, sondern ein stark kalkhaltiger Schlamm am Gestade des Jurameeres war. Nach der Darüberlagerung immer weiterer Sand- und Schlammschichten wären aus diesen nach Austrocknung und Härtung jene Steinschichten geworden, die jetzt im Steinbruch Stück für Stück abgetragen würden.

Obwohl damals erst eine Fährte sichtbar war, bezeichnete sie Max Ballerstedt bereits als ein wissenschaftlich wichtiges Naturdenkmal. Er konnte nicht ahnen, dass noch wesentlich mehr Fährten auf der Steinbruchwand zum Vorschein kommen würden.

Über die damals sichtbaren sechs Einzelfährten meinte Ballerstedt, dass sie nicht normal ausgebildet seien, weil „beim Niedersetzen des Fußes dieser auf dem schlammigen Grund ins Glitschen gekommen ist". Dadurch, so glaubte er, seien die Spuren nicht unwesentlich in der Länge verzerrt. Er hoffte aber, dass die weitere Aufdeckung der Spur auf dem mittleren

und oberen Teil der Felsplatte den normal ausgebildeten Verlauf erkennen lassen würde. Auch war er davon überzeugt, dass die Fährte im oberen Teil der Felsplatte, seit sie durch den Gesteinsabbau freigelegt wurde, nicht verwittert war, sondern nur deswegen undeutlich hervortrat, weil das die Fährten-eindrücke ausfüllende Gestein noch vorhanden sei. Es sollte versucht werden, die Fährteneindrücke im Gestein in der gesamten Ausdehnung der Felsplatte freizulegen, dann werde man auch eine Vorstellung von der Gangweite des über die Platte gelaufenen Tieres bekommen. Nach der Größe der Fährten schätzte Max Ballerstedt, dass der Dinosaurier aus dem Steinbruch etwa doppelt so groß gewesen sein musste wie der größte heute lebende Elefant.
Als später die darüber liegenden Gesteinsschichten abgebaut wurden, zeigte sich, dass insgesamt beinahe 50 Einzelfährten vorhanden waren, darunter sogar solche von einem anderen Typus mit drei sichtbaren Zehenabdrücken.
Anfangs wollte man die Fährten bergen, ließ diesen Plan wegen der Gefahr der Zerstörung aber wieder fallen und fertigte von der zuerst entdeckten Trittsiegelgruppe 1926 eine Gipsform an. 1960 wurden auch von der dritten Fährtengruppe mit dem Dreizeher für das Naturwissenschaftliche Museum in Osnabrück und das Landesmuseum in Hannover Abgüsse hergestellt. 1974 wurde dann noch ein weiterer Abguss gemacht, der in der nahegelegenen Gaststätte Spieker, beim „Saurierwirt“, zu sehen ist.
Die Konservierung der Fährtenplatte stellte sich als schwieriges Unterfangen heraus, da unter der Gesteinsplatte eine labile Schicht liegt, die durch Witterungseinflüsse, wie zum Beispiel Frost, sehr zerstörungsanfällig ist. Nicht umsonst wird sie als „Bröckeltonstein“ bezeichnet. Da durch die witterungsbedingte Erosion auch die Wind und Wetter ausgesetzten Fährten in

Mitleidenschaft gezogen wurden, sah man sich gezwungen, finanziell aufwändige Maßnahmen zu ihrer Konservierung einzuleiten. 1976 wurden Restaurierungsarbeiten vom Landkreis Osnabrück durchgeführt, bei denen man an der Oberfläche der Fährtenplatte 17 Bohrlöcher angebracht hat. In diese ließ man Zementmilch einfließen, die sich mit der labilen Bröckeltonschicht verband. Durch Härtung entstand so eine solide Zementblock-Unterlage von bis zu 5 Meter Dicke. Auch die Fährtenoberfläche, in deren Spalten und Fugen Algen ihre zerstörerische Wirkung entfalten konnten, wurde durch Spezialhärter konserviert.

Neben den Bemühungen, die Fährten der Nachwelt zu erhalten, wurde der Steinbruch auch zu einem Freilichtmuseum ausgebaut, indem erläuternde Tafeln für die Besucher aufgestellt wurden. Betritt man heute an einem heißen Sommertag den Kessel des Steinbruches, in dem sich die Fährtenwand erstreckt, kann man sich nur schwer des Eindrucks erwehren, dass durch die üppige Vegetation am oberen Rand gleich ein Dinosaurier seinen Kopf strecken müsste.

Die erste Frage, die sich jeder Besucher des Freilichtmuseums stellt, ist, ob die Dinosaurier denn hier bergauf gelaufen sind, da die Gesteinsplatten in einem Winkel von 60 Grad zum Betrachter geneigt sind, so dass man die drei Fährtenkomplexe fast senkrecht vor Augen hat. Doch es waren gebirgsbildende Erdkräfte am Ende der Kreidezeit, die das 10 Meter lange und 6 Meter hohe Gesteinspaket mit den Dinosaurierfährten so empor gekippt haben.

Betrachtet man die Fährtenfolge einmal genauer, so sieht man, dass sie sich in drei voneinander unterscheidbare Teilfährtenbereiche gliedern lässt. Die in Richtung des Eingangs liegende Gruppe, die 1921 zuerst entdeckt worden war, rührt von einem einzelnen elefantenfüßigen Dinosaurier her, der mit etwa 1,50

Meter Schrittlänge gelaufen ist. Die ungefähr 35 Zentimeter großen, ovalen Hinterfußabdrücke traten dabei in die kleineren und etwas runderen Vorderfußstapfen. Auf 3 Meter Länge haben sich 8 Einzelabdrücke erhalten. Da sich in den Fährten keine Zehen- oder Klauenabdrücke abzeichnen, war es schwierig zu klären, in welche Richtung die Dinosaurier gelaufen waren. Was lag näher, um die Bewegungsrichtung eines elefantenfüßigen Tieres zu ermitteln, als einen heutigen Elefanten für einen Test einzusetzen? So ließ man in der Tat im Mai 1979 im Osnabrücker Zoo einen kleinen Afrikanischen Elefanten über einen feuchtlehmigen Untergrund gehen, mit dem die Bodenverhältnisse der Jurazeit nachempfunden wurden. Die durch die Elefantenfüße aufgeworfenen Lehmwulste zeigten, wie die Dinosaurier gelaufen sein mussten, denn auch sie hatten an den Vorderrändern der Fährten vergleichbare Wülste aufgewölbt.

Die zweite Fährtenfolge gleicht im wesentlichen der ersten, ist aber nicht so gut erhalten und deshalb möglicherweise zeitlich schon vor der ersten Fährte entstanden.

Wie die ersten beiden Gruppen orientiert sich auch die dritte Fährtengruppe nach Nordosten, das heißt, die Elefantenfußdinosaurier (Sauropoden) sind scheinbar die Fährtenplatte „hinabgelaufen". Als Besonderheit gesellen sich hier zu den Abdrücken der Elefantenfußdinosaurier noch 63 Zentimeter lange Fährten von dreizehigen Dinosaurierfüßen dazu. Zusammen mit weiteren, allerdings undeutlicheren Abdrücken sind, wie schon gesagt, so insgesamt beinahe 50 Einzelfußabdrücke zu sehen.

Die Paläontologen Matthias Kaever (1929–2011) von der Universität Münster und der aus Paris stammende Albert F. de Lapparent (1905–1975) haben sich zu Beginn der 1970er Jahre erneut mit der Frage beschäftigt, von welchen Dinosauriern

die Fährten stammen. Aufgrund der Größe der runden Fährten gingen sie davon aus, dass es sich zweifelsfrei um pflanzenfressende Elefantenfußdinosaurier handeln müsse, wobei aber nicht klar zu entscheiden sei, ob es sich um ausgewachsene oder jugendliche Tiere gehandelt habe. Elefantenfußdinosaurier wie *Cetiosauriscus* mit einer Gesamtlänge von 10 bis maximal 15 Metern, lebten von der Mitteljurazeit bis zur Oberjurazeit in Europa und könnten durchaus Erzeuger der Barkhausener Fährten gewesen sein. Andererseits ist aber nicht auszuschließen, dass hier etwa 13 Meter lange halbausgewachsene Tiere einer Art vorüberzogen, die weit länger als 20 Meter wurde. Obwohl an den Fährten keine Details auf Zehen oder Krallen verwiesen, die eine Abgrenzung von anderen, sehr ähnlichen Fährten von Elefantenfußdinosauriern erlaubt hätten, gaben ihnen die beiden Wissenschaftler 1974 einen eigenen Namen: „*Elephantopoides barkhausensis*", also „Elefantenähnliche Fährte aus Barkhausen". Von manchen Paläontologen wurde die Entscheidung, solche mit anderen Fährten verwechselbare Trittsiegel wissenschaftlich derartig zu benennen allerdings nicht akzeptiert.
Die Fährte des dreizehigen Dinosauriers wurde von Matthias Kaever und Albert F. de Lapparent „*Megalosauropus teutonicus*" („Teutonischer Großechsenfuß") getauft. Die immer wieder mit dem Raubdinosaurier *Megalosaurus* in Verbindung gebrachte Fährte könnte allerdings von jedem anderen großen Raubtierfußdinosaurier herrühren. Leider gibt es in Deutschland aus dieser Zeit keine Skelettfunde, die zeigen könnten, welcher Fleischfresser seine Fußabdrücke im weichen Boden der Jurazeit hinterlassen hat.
Zunächst war angenommen worden, dass der Fleischfresser den Elefantenfußdinosauriern nachgestellt habe; ähnliche Szenen von Pflanzenfressern, die von Raubdinosauriern verfolgt

werden, sind aus den USA bekannt, wie sich an Fährten dort ablesen lässt. Doch in Barkhausen war die Laufrichtung des Fleischfressers eine ganz andere, da sie entgegengesetzt, nach Südwesten die Wand abwärts verlief. Die Barkhausener Fährten scheinen deshalb keine Momentaufnahme des oberjurassischen Lebens zu sein, sondern stellen eher eine Langzeitaufnahme dar. Diese Annahme wird unter anderem auch dadurch gestützt, dass auf dem gleichen Weg, den der Raubdinosaurier ging, zuvor und auch danach Elefantenfußdinosaurier in die entgegengesetzte Richtung liefen. Die unterschiedlichen Dinosaurier, deren Fährten sich auf der Gesteinsplatte eingeprägt haben, haben sich vielleicht nie von Angesicht zu Angesicht gegenübergestanden. Was sich hier fossil erhalten hat, scheint vielmehr, wie es einmal formuliert wurde, ein „fossiler Wildwechsel“ gewesen zu sein.

Die Elefantenfußdinosaurier und der Raubtierfußdinosaurier lebten in einer Landschaft, die sich zum Teil aus geologischen Erkenntnissen, aber auch aus Funden im benachbarten Gestein rekonstruieren lässt. Demnach lag das Gebiet des Wiehengebirges in der Oberjurazeit am südlichen Rand einer flachen Meeresbucht, der „Westlichen Niedersächsischen Bucht“, deren Wasser das Ufer zeitweilig überflutet haben muss. Am feuchten Ufer, in dem die Dinosaurier ihre Fährten hinterlassen haben, liefen wahrscheinlich auch kleine Insekten umher, deren Spuren sich auf der Fährtenplatte nachweisen ließen, genauso wie Eindrücke von Regentropfen, die ab und zu den Boden benetzten. Von den Pflanzen, die den Elefantenfußdinosauriern als Nahrung dienten, blieben kleine Bruchstücke wie Knospen, Schuppen von Zapfen oder Blattfragmente erhalten, letzte Überreste der damaligen Ginkgobäume und Palmfarne.

Literatur

ANONYMUS (1921): Spuren aus vorsintflutlicher Zeit am Wiehengebirge. In: *Unter der Dorflinde. Wochenbeilage zum Wittlager Kreisblatt,* 2. Jahrgang, Nr. 13, 1. April, Bad Essen, S. 1.

BALLERSTEDT, Max (1922): Über Schreckensaurier und ihre Fußspuren. In: *Kosmos,* 19, S. 77–80.

FOLKERTS, Albert (1991): Op dinosaurusjacht in het Wiehengebirge. In: *Grondboor en Hamer,* März, S. 35, 36.

FRIESE, Heinrich (1972): Die Dinosaurierfährten von Barkhausen im Wiehengebirge. In: *Wittlager Heimathefte,* Bad Essen.

FRIESE, Heinrich und KLASSEN, Horst (1979): Die Dinosaurierfährten von Barkhausen im Wiehengebirge. In: *Veröffentlichungen des Landkreises Osnabrück.*

HENDRICKS, Alfred (1982): Fährten von Sauriern in Nordwest-Deutschland. In: *Natur- und Landschaftskunde,* 18, S. 45–48.

KAEVER, Martin / LAPPARENT, Albert F. de (1974): Les traces de Dinosaures du Jurassique de Barkhausen (Basse Saxe, Allemagne). In: *Bulletin de la Société Géologique de France,* 7, S. 516–525.

MALZ, Heinz (1971): Ein fossiler „Wildwechsel im Wiehengebirge." In: *Natur und Museum,* 101, S. 431–436, Frankfurt am Main.

PROBST, Ernst (1986): Dinosaurierspuren an der Wand. In: Deutschland in der Urzeit. Von der Entstehung des Lebens bis zum Ende der Eiszeit, S. 175–178, C. Bertelsmann, München.

PROBST, Ernst (2010): Dinosaurier von A bis K. Von Abelisaurus bis Kritosaurus, GRIN, München.

PROBST, Ernst (2010): Dinosaurier von L bis Z. Von

Labocania bis Zupaysaurus, GRIN, München.
PROBST, Ernst / WINDOLF, Raymund (1993): Dinosaurier in Deutschland, C. Bertelsmann, München.
SCHMIDT, Hermann (1959): Die Cornberger Fährten im Rahmen der Vierfüßler-Entwicklung. In: *Abhandlungen des Hessischen Landesamtes für Bodenforschung*, 28.
WIKIPEDIA (Online-Lexikon): Max Ballerstedt

https://de.wikipedia.org/wiki/Max_Ballerstedt

Der Nestor der Bückeburger Fährtenforschung: Max Ballerstedt

Obwohl sich viele Wissenschaftler und Amateur-Paläontologen mit den Dinosaurierfährten der Bückeberge beschäftigt haben, überragt sie Max Ballerstedt doch alle. Zwischen 1905 und 1925 erschienen von ihm mehrere Aufsätze, in denen er sich mit diesem Thema beschäftigte. Sein Engagement blieb aber nicht auf die Theorie beschränkt. Im Laufe seines Lebens hat er an die 200 Dinosaurierfährten entdeckt und gesammelt. Sein „Revier" waren die Steinbrüche des Harrls und der Bückeberge, die ihm Jahr für Jahr reiche Beute einbrachten. Die Bückeburger Bürger sahen ihn oft, wenn er abends von den Harrlbrüchen, den Obernkirchner Sandsteinbrüchen oder dem Schauensteiner Bruch zurück kehrte, beladen mit Werkzeugen und kiloschweren Fundstücken, die er entweder im Rucksack oder im Leiterwagen zu seiner Wohnung transportierte.

Der am 20. Juni 1857 in Bückeburg als Sohn eines Hofpredigers geborene Max Ballerstedt hatte in Marburg und Berlin Mathematik und Naturwissenschaften studiert und war danach 14 Jahre Oberlehrer am Bückeburger Gymnasium „Adolfinum" gewesen. Sein Landesherr, der Fürst Stefan Albrecht Georg zu Schaumburg-Lippe (1846–1911), verlieh Max Ballerstedt 1907 den Professorentitel. Zu Ostern 1912 musste Ballerstedt wegen zunehmender Schwerhörigkeit vorzeitig in den Ruhestand gehen, was ihn aber nicht davon abhielt, sich weiter mit den seltsamen Riesenfährten zu befassen.

Spezialist für fossile Fährten:
Max Ballerstedt (1887–1945) aus Bückeburg
auf einem Foto von 1932.
Foto: Hildegard John, Göttingen

Seit Beginn des 20. Jahrhunderts hortete Max Ballerstedt seine Sammlung steinerner Zeitzeugen aus der Periode vor etwa 140 Millionen Jahren in seiner Privatwohnung. Als diese aber im Laufe der Jahre dafür zu klein wurde, deponierte er die zentnerschweren Krokodilschädel, Schildkröten, Sauriertritte und die Blöcke mit dem Skelett des Vogelbeckendinosauriers S*tenopelix valdensis* im Gymnasium von Bückeburg.
In dieser Bildungsstätte erschien Ballerstedt seine Sammlung so gut aufgehoben wie in einem Museum. Wenige Jahre vor seinem Tod im Jahre 1945 schenkte er sie 1940 dem „Adolfinum“. Die wertvollen Fossilien überdauerten auf alten Tischen des Schulbodens den Zweiten Weltkrieg. Nach Kriegsende kippten englische Soldaten die für sie nutzlosen „Steine“ auf den Boden, weil sie die Schultische für andere Zwecke benötigten. Dort blieben die Ballerstedtschen Fossilien lange Zeit liegen. Erst in den 1960er Jahren erinnerte man sich wieder daran, hauptsächlich aber wohl, weil das Staatliche Hochbauamt beanstandet hatte, dass die Steine zu sehr auf die Deckenbalken des Gymnasiums drückten. Daraufhin zimmerte der Betreuer der Sammlung, der Biologielehrer Dr. Hillrich Bernhards, Tragegestelle und schleppte die Versteinerungen vier Stockwerke tiefer in den Mopedkeller. Dort blieben sie bis 1976 weithin unbeachtet. Als 1971 Dr. Bernhards verstorben war, fand sich niemand mehr, der bereit war, die Sammlung weiter zu betreuen. Erst nachdem der Landkreis Schaumburg-Lippe dem Geologisch-Paläontologischen Institut der Universität Göttingen die Sammlung als Dauerleihgabe überließ, gelangte die zweitgrößte Privatsammlung Europas in die Hände von Wissenschaftlern, die sie restaurierten und katalogisierten.
1987 kehrte dann ein Teil der Sammlung in das „Adolfinum“ zurück, wo sie der Mainzer Geologe Dr. Heinrich Berthold nach eineinhalbjähriger Vorbereitung als populärwissen-

schaftliche Ausstellung präsentierte. Farbig rekonstruierte Lebensbilder von Sauriern und Landschaften, auch der Leguan-zahndinosaurier (*Iguanodon*), die in den Bückebergen so häufig ihre Fußspuren hinterlassen hatten, zeigen seitdem Schülern und Besuchern der Ballerstedtschen Sammlung die Fauna und Flora der Unterkreidezeit.

Hildegard John, geborene Ballerstedt, die Nichte von Max Ballerstedt in Göttingen, schilderte ihren Onkel als kräftigen Pfeifenraucher, der sich auch für Wetterkunde und archäologische Funde interessierte. Als sie größer wurde, begann auch sie sich mit den Ballerstedtschen „Saurierpfoten" zu beschäftigen und lauschte den plastischen Erzählungen ihres Onkel Max, mit denen er seine Entdeckungen, aber auch die Lebensweise der Dinosaurier, so wie er sie sich vorstellte, beschrieb.

Bis heute unveröffentlicht ist, dass Max Ballerstedt aufgrund seiner Fährtenanalysen davon überzeugt war, dass sich die Dinosaurier keineswegs so plump und langsam fortbewegt hatten, wie dies die Wissenschaftler seiner Zeit immer wieder darstellten. Ballerstedt war sogar davon überzeugt, dass die Dinosaurierskelette in den Museen falsch aufgestellt seien, eine Aufstellung, die ihrer Bewegungsart überhaupt nicht entsprechen würde. Dieser kritische Ansatz zur Betrachtung der korrekten Gliedmaßenstellung der Dinosaurier wurde erst mehr als ein halbes Jahrhundert nach Ballerstedt Allgemeingut. Mit der Ende der 1960er Jahre einsetzenden „Dinosaurierrenaissance", die von jungen Paläontologen, wie dem Amerikaner Robert T. Bakker und anderen, ausgelöst wurde und die zu einem bis heute anhaltenden vermehrten Interesse an den Dinosauriern führte, wurden auch bis dahin allgemein anerkannte Vorstellun-gen aufgegeben. Heute sieht man in den Dinosauriern nicht mehr echsenähnlich kriechende Riesenreptilien, sondern weit agilere Tiere mit einer Organisationsstufe zwischen Reptilien, Vögeln

und Säugetieren. Auch Robert T. Bakker und die kritischen Paläontologen der letzten Jahrzehnte gingen von einer falschen Montierung der Museumsexponate aus, weil sie meinten, dass die in den Gelenken geknickten Gliedmaßen nicht der tatsächlichen Steh- und Gehweise der Dinosaurier entsprächen. Um die von der offiziellen Lehrmeinung abweichende Theorie ihres Onkels publik zu machen, hatte Hildegard John nach ihrem Zoologiestudium in Göttingen eine Zusammenkunft zwischen der damals führenden Koryphäe auf diesem Gebiet und Max Ballerstedt arrangiert. Bedauerlicherweise entwickelte sich der geplante Dialog sehr einseitig, da der Zoologieprofessor nur seine eigenen Überzeugungen verkündete und an Max Ballerstedts Überlegungen gar nicht interessiert war. Ballerstedt kehrte daraufhin deprimiert nach Hause zurück. Hildegard John gab jedoch nicht auf und erzählte ihrem eigenen Zoologiedozenten Dr. Henke von der Hypothese ihres Onkels, der sich diese daraufhin von Ballerstedt selbst berichten ließ. Als ihn Ballerstedt überzeugt hatte, forderte ihn der Zoologe auf, seine Hypothesen zu veröffentlichen. Aber Ballerstedt gelang es nicht, seine Theorien zu Papier zu bringen. Auch eine im Hintergrund sitzende Sekretärin war damit überfordert, aus Ballerstedts Darlegungen ein lesbares Manuskript zu erstellen. So wurde leider nichts aus der Veröffentlichung der Ballerstedtschen Theorien zur „Bewegungsart der Dinosaurier“. Wahrscheinlich hätte Ballerstedt nach einer solchen Publikation als derjenige gegolten, der das heutige Bild der Dinosaurier zumindest grob vorskizziert hatte. Mittlerweile erkannten auch andere Wissenschaftler diese Fakten, und dementsprechend wurden die Dinosaurierskelette in den Museen dann später richtig aufgestellt.
Trotzdem bleibt unumstritten, dass Max Ballerstedts Erkenntnisse über die Bückeburger Dinosaurierfährten nicht nur für die damalige Zeit richtungweisend waren.

Gab es in den Bückebergen einen fossilen „Riesenstrauß“?

Gegen Ende des Jahres 1904 gelang Max Ballerstedt am großen Steinbruch am Harrl eine überraschende Entdeckung: Neben den „normalen“ Fährten mit 3 oder 4 Zehenabdrücken hatte er eine einzelne Fährte geborgen, die lediglich 2 Zehenabdrücke zeigte.
Ballerstedt war sich sicher, dass diese Fährte von einem großen, zweizehigen Tier stammen musste, da er an der Fährte selbst nirgendwo eine Bruchstelle entdecken konnte. Bald kam eine weitere Zweizeherfährte am Bückeberg zum Vorschein. Diese Entdeckung war neu, denn noch nie zuvor waren nach Ballerstedts Wissen fossile Zweizeherfährten entdeckt worden. Bei der Suche nach dem Erzeuger der Fährte fühlte sich Max Ballerstedt nicht zufällig sofort an einen Strauß (*Struthio camelus*) erinnert: Die langen Beine des großen afrikanischen Laufvogels enden in der Tat in 2 Zehen, auf denen auch das gesamte Gewicht ruht. Aber ein fossiler Vogel konnte diese Spur unmöglich verursacht haben, denn damals waren die gefiederten Flieger kleine, unauffällige Tiere; der Luftraum wurde von den großen Schwingen der Flugsaurier beherrscht. Doch warum sollte diese Fährte nicht von einem auf den Hinterbeinen gehenden Dinosaurier stammen, etwa einem Raubtierfußdinosaurier (Theropoden)? Die Größe der Fährte verwies jedenfalls auf ein mehrere Meter langes Tier. Da ein fossiler „Riesenstrauß“ nicht der Erzeuger der Rätselfährte vom Harrl gewesen sein konnte, war Max Ballerstedt davon überzeugt, dass hier ein bisher unbekannter, großer zweizehiger Raubdinosaurier seine Trittsiegel hinterlassen hatte.

Zu einem ganz anderen Ergebnis kam der Wiener Paläontologe Othenio Abel (1875–1946), der sich auch mit der seltsamen Zweizeherfährte beschäftigt hatte. Für ihn lag hier eine Fährte vor, die sich – unbeschadet der fehlenden dritten Zehe – zwanglos in die schon bekannten Fährten des Vogelbecken-dinosauriers *Iguanodon* einordnen ließ. Allgemeines Aussehen und auch die Größenverhältnisse ließen nach Abels Einschätzung nur den großen Pflanzenfresser als Fährten-erzeuger zu. Die fehlende dritte Zehe erklärte er damit, dass sie bei einem Unfall verloren gegangen sei. Vielleicht sei diesem Exemplar eines *Iguanodons* die dritte Zehe schon in seiner Jugend von einem Krokodil der Gattung *Goniopholis* abgebissen worden, als es am Rande der Kreidesümpfe umherwatete. Zwar erschien der Abelsche Lösungsvorschlag durchaus logisch, aber dennoch ließ sich Ballerstedt nicht von ihm überzeugen und plädierte dafür, dass die dritte Zehe nie vorhanden gewesen sei, also eine echte Zweizehigkeit vorlag.
Wegen der „Lebensfrische" der Fährte und weil jegliche Bruchstelle fehlte, hielt es Ballerstedt auch für unmöglich, dass vielleicht der Abdruck der dritten Zehe schon im Steinbruch verlorengegangen sein könnte oder dass die dritte Zehe durch einen darüber gestempelten anderen Fußabdruck ausgelöscht worden sei. Um seine Fachkollegen zu überzeugen, stellte er die Fährte ausführlich und genauestens von allen Seiten in Fotografien und Zeichnungen vor. Außerdem stellte er den Steinblock der Fährte auf Holzstäbe, damit jedermann erkennen konnte, wie deutlich und wie tief eingedrückt die beiden Zehenausfüllungen waren. Ballerstedt kam zu dem Schluss, dass „hier ein einheitlich-stilvoller Bau vorliegt, dieses Kunstwerk kann nicht von einem verstümmelten Fuß errichtet sein, dem nur wenig mehr als zwei Drittel seines Baumaterials zur Verfügung stand". Kritik an seiner Zweizeher-Theorie

begegnete Ballerstedt mit dem Argument, dass auch bei den Vögeln aus vierzehigen Typen Drei- oder gar Zweizeher wie der Strauß entstanden seien. Warum sollte so ein Schritt nicht auch bei den oft so vogelähnlichen, vielfältigen und anpassungsfähigen Dinosauriern hin zum echten „Laufsaurier" stattgefunden haben? Letztlich warf Ballerstedt seinen Fachkollegen mangelnde Phantasie vor und nannte den Zweizehenläufer *„Struthopus schaumburgensis"* („Schaumburger Straußenfuß").

Mehr als ein Jahrhundert nach der Ballerstedtschen Entdeckung hat sich durch das neubelebte Interesse an fossilen Saurierfährten das Wissen über diese Lebensspuren aus vergangenen Äonen stark vermehrt. Es zeigt sich auch, dass Ballerstedts Vermutung, die Fährte in die Nähe von großen Laufvögeln zu rücken, kein verkehrter Ansatz war, denn genau aus dieser Richtung kam die Auflösung des Rätsels.

In seiner australischen Heimat konnte Tony Thulborn, einer der weltweit führenden Spezialisten für fossile Fährten, an dem australischen Pendant zum Strauß, dem Laufvogel Emu *(Dromaius novohollandiae)*, die erstaunliche Tatsache beobachten, dass dieser Vogel trotz offensichtlich vorliegender Dreizehigkeit bisweilen Fährten erzeugt, die nur zwei Zehen zeigen. In verblüffender Übereinstimmung mit dem Ballerstedtschen Zweizeher wurde dabei die außen liegende Zehe nicht mehr auf dem Boden abgedrückt. Thulborn konnte dies an Emuspuren bestätigen: Auf weichem Grund hinterließ der Vogel alle 3 Zehenabdrücke, aber auf festem Boden gab es von der kleinen Zehe keinen Abdruck, so dass die Fährte eine Zweizehigkeit vortäuschte. Auch bei Dinosauriern lag das Hauptgewicht meist auf der größten Zehe, weshalb diese tief in den Sand oder Schlamm einsank. Die anderen Zehen mussten dabei nicht unbedingt gleich tief sinken, und wenn der

Untergrund hart genug war, spreizten sich eine oder mehrere Zehen seitwärts ab und hinterließen dabei lediglich einen sehr flachen oder gar keinen Abdruck. Am ehesten konnte so etwas geschehen, wenn eine der Zehen im großen Winkel von der Hauptzehe abstand.

So brachten Beobachtungen an den großen Laufvögeln unserer Zeit die Lösung der Frage nach der fehlenden Zehe an den Dinosaurierfährten der Bückeberge. Zwar hatte Othenio Abel mit seiner Vermutung recht gehabt, dass es sich bei der Fährte vom Harrl um ein*e* *Iguanodon*-Fährte handelte, aber die eigentliche Erklärung für die Zweizehigkeit von „*Struthopus schaumburgensis*“war weder ihm noch Max Ballerstedt gelungen.

Literatur

BALLERSTEDT, Max (1905): Über Saurierfährten der Wealden-Formation Bückeburgs. In: *Naturwissenschaftliche Wochenschrift*, 20, S. 481–485.

BALLERSTEDT, Max (1914): Bemerkungen zu den älteren Berichten über Saurierfährten im Wealdensandstein und Behandlung einer neuen, aus 5 Fußabdrücken bestehenden Spur. In: *Centralblatt für Mineralogie, Geologie und Paläontologie*, S. 48–64.

BALLERSTEDT, Max (1922): Zwei große, zweizehige Fährten hochbeiniger Bipeden aus dem Wealdensandstein bei Bückeburg. In: *Zeitschrift der deutschen Geologischen Gesellschaft*, 73, S. 76–91.

DIETRICH, Wilhelm Otto (1927): Über Fährten ornithopodider Saurier im Obernkirchner Sandstein. In: *Zeitschrift der deutschen Geologischen Gesellschaft*, Abhandlungen, 78, S. 614–621. GRABBE, Heinrich (1881): Neue Funde von Saurier-Fährten im Wealdensandstein des Bückeberges. In: *Verhandlungen des Naturwissenschaftlichen Vereins der preussischen Rheinlande und Westfalens. Correspondenzblatt*, 38, S. 161–164.

LEHMANN, Ulrich (1978): Eine Platte mit Fährten von *Iguanodon* aus dem Obernkirchner Sandstein (Wealden). In: *Mitteilungen aus dem Geologisch-Paläontologischen Institut der Universität Hamburg*, 48, S. 101–114.

PROBST, Ernst (1986): Deutschland in der Urzeit. Von der Entstehung des Lebens bis zum Ende der Eiszeit, C. Bertelsmann, München.

PROBST, Ernst / WINDOLF, Raymund (1993): Dinosaurier in Deutschland, C. Bertelsmann, München.

STECHOW, Ernst (1909): Neue Funde von *Iguanodon*-Fährten. In: *Centralblatt für Mineralogie, Geologie und Paläontologie*, S. 700–705.

STRUCKMANN, Carl (1880): Vorläufige Nachricht über das Vorkommen vogelähnlicher Thierfährten (Ornithoidichnites) im Hastingssandsteine von Bad Rehburg bei Hannover. In: *Neues Jahrbuch für Mineralogie, Geologie und Paläontologie*, S. 125–128.

WINDOLF, Raymund (1993): Max Ballerstedt: Dinosaurier-Fährten-Forschung in Bückeburg. In: *Dinosaurier-Magazin*, N. F., Heft 1, S. 1–4.

Gewaltige Raubdinosaurier aus dem Wealden

1887 beschrieb der damals in Berlin wirkende Paläontologe Ernst Koken (1860–1912) in seinem Überblick über das norddeutsche Wealden auch einen Zahn, den er als „*Megalosaurus dunkeri*“ in die Wissenschaft einführte. Der Berliner Paläontologe Wilhelm D. Dames (1843–1898) hatte diesen Zahn im „Sitzungsbericht der Gesellschaft naturforschender Freunde zu Berlin“ 1884 erstmals vorgestellt. Der Zahn stammte aus dem Besitz des 1885 verstorbenen Wilhelm Dunker, damals einer der führenden Spezialisten auf dem Gebiet fossiler Weichtiere. Kontakt zu der nordwestdeutschen Unterkreide bekam er durch den Steinkohlebergbau von Obernkirchen bei Bückeburg. Nach dem Studium von 1830 bis 1834 in Göttingen wurde er Lehrer für Mineralogie und Geologie an der Höheren Gewerbeschule in Kassel. Zusammen mit dem Frankfurter Paläontologen Hermann von Meyer (1801–1869), der das Kapitel „Reptilien“ bearbeitet hatte, veröffentlichte Dunker 1846 die „*Monographie der Norddeutschen Wealdenbildung*“, und beide gründeten im gleichen Jahr die noch heute bestehende paläontologische Fachzeitschrift „Palaeontographica“.

Im Hauptkohleflöz in Obernkirchen war Wilhelm Dunker der Fund des besagten Zahnes gelungen. Mit einer Höhe von 6 Zentimetern und einer Breite von 2,2 Zentimetern am unteren Rand gehört der Zahn eindeutig zu einem der größeren Raubdinosaurier, einem Carnosaurier. Typisch für theropode Dinosaurierzähne ist die starke seitliche Komprimierung. Die Zähne sind wie Messer zusammengepresst und säbelförmig

gekrümmt. Nur auf der hinteren, konkav geschwungenen Seite besitzt der etwas abgenutzte Zahn die typisch feine Zähnelung, die bis fast ganz unten an die Zahnbasis reicht. Dass der Zahn nur eine gezähnelte Schneidekante besitzt, unterscheidet ihn von den Zähnen des englischen Raubdinosauriers *Megalosaurus bucklandii* und anderer *Megalosaurus*-Arten, die beidseitig gesägte Zähnelungen aufweisen. Trotzdem bekam dieser Zahn wie manch andere deutsche Fund die Bezeichnung „*Megalosaurus*". Sehr wahrscheinlich ungerechtfertigt. Zu welchem Raubtierfußdinosaurier der Obernkirchner Zahn tatsächlich gehört, bleibt ungewiss. Viel wichtiger ist die Tatsache, dass zur Zeit der deutschen Unterkreide gewaltige Raubdinosaurier gelebt haben müssen, die es an Größe mit dem nordamerikanischen *Allosaurus* beinahe aufnehmen konnten und sicher mehr als 1 Tonne Gewicht auf die Waage brachten.
Dieser Zahn aus der Stufe Berrias (vor 144 Millionen Jahren) wurde von Friedrich von Huene 1923 der Theropodengattung *Altispinax* zugerechnet, deren Rückenwirbel aus England bekannt sind. Die Dornfortsätze seiner Wirbelknochen sind stark verlängert, weshalb man vermutet, dass *Altispina*x eine Art fleischigen oder häutigen „Rückenkamm" getragen haben könnte. Leider besteht keine begründete Veranlassung, den deutschen Zahn mit den englischen Rückenwirbeln zur gleichen Dinosaurierart zu stellen. „*Altispinax dunkeri*" hat also als gültige Raubdinosaurierart keine gesicherte Grundlage.
Neben dem Einzelzahn aus den Bückebergen kommt von dort noch ein weiterer Beweis dafür, dass sich die Pflanzen fressenden Leguanzahndinosaurier mit fleischfressenden Echsenbeckendinosauriern auseinandersetzen mussten, denn vor allem die Jungtiere der Iguanodonten könnten zu ihrer bevorzugten Beute gezählt haben. Belegt wird das durch einen einzelnen rechten Hinterfußabdruck, der 1958 von Oskar Kuhn

(1908–1990) als *Bückeburgichnus maximus* („Größte Fährte aus Bückeburg“) bezeichnet wurde. Und gewaltig ist dieses an einen Riesenvogelfuß erinnernde Trittsiegel in der Tat: Es misst ganze 71 Zentimeter in der Länge! Ein durchschnittlicher menschlicher Fuß von etwa 23 Zentimetern nimmt sich dagegen bescheiden aus.

Als Besonderheit hat sich bei *Bückeburgichnus maximus* neben den üblichen Abdrücken der Zehen Nummer II, III und IV auch der Abdruck der kleinen Zehe, die am Fußknöchel hochgerutscht ist und normalerweise keinen Bodenkontakt mehr hatte, fossil erhalten. Dies geschah dann, wenn der schwere Raubdinosaurier tief in den weichen Untergrund einsank und so einen quasi „vollständigen“ Fußabdruck hinterließ.

Trotz seiner beachtlichen Ausmaße besitzt der *Bückeburgichnus*-Abdruck im Vergleich mit Fährten anderer großer Raubdinosaurier (Carnosaurier) schlanke Zehen, so dass der dazugehörige Theropode weniger dem massigen *Tyrannosaurus* glich, sondern eher einem leicht gebauten Carnosaurier mit schlankeren Gliedmaßen, wie dies *Megalosaurus* aus England beispielsweise war.

Sowohl der Obernkirchner Zahn als auch die Bückeburger Fährte zeigen, dass zwischen 5 und 10 Meter lange Raubtierfußdinosaurier Norddeutschland zur Unterkreidezeit bevölkerten. Offensichtlich herrschten in dieser Gegend günstige Lebensbedingungen für derartig große Fleischfresser.

Literatur

ABEL, Othenio (1935): Vorzeitliche Lebensspuren, Jena.

DAMES, Wilhelm (1884): Megalosaurus Dunkeri. In: Sitzungsberichte der Gesellschaft Naturforschender Freunde, Berlin, S. 186–188.

DUNKER, Wilhelm (1843/1844): Programm der höheren Gewerbeschule in Cassel, S. 45.
HUENE, Friedrich von (1923): Carnivorous Saurischia in Europe since the Triassic. In: Bulletin of the Geological Society of America, 34, S. 449–458.
KOKEN, Ernst (1887): Die Dinosaurier, Crocodiliden und Sauropterygier des norddeutschen Wealden. In; Geologisch-Paläontologische Abhandlungen 2, 4, S. 311–419.
KUHN, Oscar (1958): Die Fährten der vorzeitlichen Amphibien und Reptilien Bamberg.

Panzerdinosaurier in der deutschen Unterkreide?

Lebten auch bei uns in Deutschland Panzerdinosaurier, jene mit Stacheln und Panzerplatten geschützten wandelnden Festungen, die noch am ehesten dem Klischee vom „langsamen, dummen und schwerfälligen Drachen“ entsprächen?
Bisher hat unser Boden mit Beweisen dafür gegeizt. Lediglich aus der Unterkreidezeit vor etwa 130 Millionen Jahren stammen einige Hinweise auf die mögliche Existenz dieser Tiere. Deren fossile Knochen sind aber sehr dürftig und können nur mit großer Vorsicht interpretiert werden. Dabei ist es durchaus möglich, dass in der Unterkreidezeit Ankylosaurier mit den beiden Familien Ankylosauridae und Nodosauridae in Deutschland existierten. Aus etwa gleich alten Schichten Englands sind jedenfalls Panzerdinosaurier nachgewiesen worden.
1887 erwähnte der Berliner Wissenschaftler Ernst Koken in seiner Übersicht „*Dinosaurier, Crocodiliden und Sauropterygier des norddeutschen Wealden*“ zwei schlecht erhaltene Wirbel, die er in diese Dinosauriergruppe einordnete. Die Wirbel waren im Duinger Wald in der Nähe von Weenzen westlich des niedersächsischen Alfeld gefunden und ihm vom Provinzialmuseum Hannover zur Untersuchung überlassen worden. Nach einer genauen Überprüfung meinte Koken, dass die beiden ca. 10 Zentimeter breiten Wirbel am ehesten zu *Hylaeosaurus* („Waldechse“) gehören könnten, einem schildkrötenartig schwerfälligem Panzerdinosaurier. Der 4 Meter lange *Hylaeosaurus* war bereits 1833 als einer der ersten Dinosaurier von Gideon Algernon Mantell (1790–1852), einem südenglischen Arzt und Hobby-Paläontologen, benannt worden. *Hylaeosaurus*

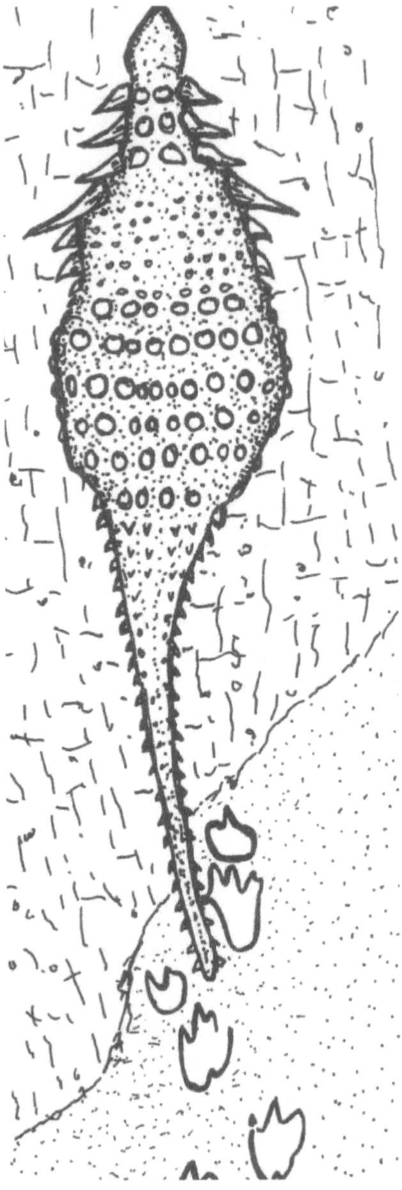

So könnte die Fährtenfolge Metatetrapous valdensi entstanden sein: Ein gepanzerter Nodosaurier (von oben gesehen) bewegte sich einige Meter über weichgrundigem Boden, bevor er wieder steinigen Untergrund erreichte. Zeichnung aus „Dinosaurier in Deutschland" (1993) von Ernst Probst und Raymund Windolf (1953–2010)

lebte in der gleichen Zeit, aus der die Gesteine der Weenzener Wirbel stammen, weshalb die versuchte Zuordnung Kokens nicht verwunderlich ist. Dennoch lässt sich zwischen den Zeilen die Unsicherheit Kokens herauslesen, ob die schlecht erhaltenen Wirbel nicht doch von einem ganz anderen Dinosaurier stammen, da er fast die ganze Reihe der damals bekannten Dinosaurier Revue passieren lässt, bevor er sich schließlich dann doch für *Hylaeosaurus* entscheidet.

Neben diesen aus heutiger Sicht unbestimmbaren Wirbeln gibt es nur noch eine rätselhafte Fährtenfolge, die mit Ankylosauriern in Verbindung gebracht worden ist. Diese Fährte von insgesamt 2,13 Metern Länge besteht aus Vorder- und Hinterfußabdrücken, die 1922 von Max Ballerstedt vorgestellt worden sind. Die als *Metatetrapous valdensis* bezeichnete Fährtenfolge befand sich in einem Steinbruch in der Nähe von Bückeburg. In der Unterkreidezeit, aus der die Fährte stammt, breiteten sich die Ankylosaurier zunehmend in Europa aus. Dennoch zählen Panzerdinosaurier im Vergleich zu anderen Dinosauriern zu den selteneren Funden. Man hat dies mit ihrer speziellen Lebensweise erklärt: Wie schon früher der Stegosaurier hätten auch sie höhergelegenes, trockenes Gelände als Lebensbereich bevorzugt. Dort aber ist die Möglichkeit, dass Tiere fossil erhalten bleiben, erheblich ungünstiger als in feuchteren Biotopen oder in Meeresnähe.

Die Panzerdinosaurier der Unterkreidezeit gehören zur primitiveren Familie der Unterordnung Ankylosauria, den Nodosauridae („Knotenechsen“). Anders als ihre später auftretenden Verwandten aus der Familie der Ankylosauridae hatten die Knotendinosaurier noch nicht die charakteristische, morgensternähnliche Schwanzkeule, dafür aber besonders kräftig ausgebildete Knochenstacheln und -dornen im Hals- und Schulterbereich. Sollte die Bückeburger Fährtenabfolge

wirklich von einem Panzerdinosaurier stammen, dann sehr wahrscheinlich von einem Nodosaurier.
1932 beschrieb der berühmte kanadische Paläontologe Charles M. Sternberg (1850–1934) aus der Unterkreidezeit von British Columbia in Kanada eine aus drei Vorder- und Hinterfußpaaren bestehende Fährte, die er „*Tetrapodosaurus borealis*“ nannte. Ursprünglich hatte er angenommen, dass sie von einem großen, vierfüßig schreitenden Horndinosaurier herrühre. Doch 1984 fiel dem amerikanischen Panzerdinosaurierspezialisten Kenneth Carpenter auf, dass ihn diese Sternbergsche Fährte vom Aussehen her sehr an die Fußform jenes Ankylosauriers erinnerte, mit dem er sich erst kürzlich ausführlich beschäftigt hatte: *Sauropelta,* einem Nodosaurier. So war der Bezug zu den Panzerdinosauriern hergestellt.
In der Bückeburger Fährte sind, ähnlich den kanadischen Trittsiegeln, je drei Vorder- und Hinterfußabdrücke in der Bewegungsabfolge überliefert. Der kleinere Vorderfuß zeigt wahlweise drei oder vier Zehen (ein entstehungsbedingtes Phänomen, das auch schon bei anderen Ankylosaurier-Fährten beobachtet werden konnte). Der 44 Zentimeter lange Hinterfußabdruck weist vier Zehen auf. Insgesamt verläuft die Fährte aus der deutschen Unterkreidezeit etwas enger als die kanadische und besitzt zugespitztere Zehenabdrücke, gleicht ihr aber ansonsten verblüffend.
Es besteht keine letzte Sicherheit darüber, ob diese Fährte wirklich von einem Ankylosaurier hinterlassen wurde. Trotzdem beweist sie allein durch ihre Existenz, dass neben Vogelfußdinosauriern wie *Iguanodon* und Raubdinosauriern (die beide dreizehige Fußabdrücke verursacht haben), in der Unterkreidezeit Nordwestdeutschlands auch große, vierfüßig laufende Dinosaurier gelebt haben müssen, die noch nicht durch Skelettfunde belegt werden konnten.

Münchehagen: Riesendinosaurier am Strand

Als der damals beim Landkreis Osnabrück angestellte Geologe Franz-Jürgen Harms 1979 an einem warmen Julitag verschiedene Steinbrüche in der Gegend um Bad Rehburg besuchte, fielen ihm in einem Steinbruch bei Münchehagen am Boden seltsame regelmäßige Hohlformen auf. Da er mit den 70 Kilometer weiter südwestlich liegenden Fährten in Barkhausen an der Hunte vertraut war, wurde sich Harms schnell klar darüber, dass er hier die Fährte eines elefantenfüßigen Dinosauriers entdeckt hatte.

Der Steinbruch wurde zu dieser Zeit zur Ablagerung von Bauschutt benützt und war auch von baldiger Auffüllung bedroht, weshalb schnell gehandelt werden musste. Franz-Jürgen Harms alarmierte sofort die Behörden, um die Fährten vor weiterer Zerstörung zu bewahren.

Anfang 1980 wurde zunächst einmal die Freiwillige Feuerwehr Münchehagens in den Steinbruch beordert: Mit ihren Strahlrohren spritzte sie den Staub aus den Fährten, und der große Wasserdruck sprengte sogar die Steinfüllungen (die sogenannten „Plomben“) aus den Spuren. Um die Fährten wissenschaftlich bearbeiten zu können und sie der Nachwelt zu erhalten, wurde zunächst von verschiedenen Instituten geplant, einzelne Platten mit Fährten herauszusägen und in die Naturkundemuseen in Münster und Hannover zu überführen. Doch für dieses Vorhaben fehlten zunächst (glücklicherweise) die finanziellen Mittel.

Beamte der Kreisverwaltung in Nienburg hatten eine bessere Idee: Um die Fährten dauerhaft zu schützen, leiteten sie ein

Fortlaufende Fährte eines pflanzenfressenden Elefantenfußdinosauriers (Sauropode) aus der Unterkreidezeit vor etwa 140 Millionen Jahren in einem Steinbruch bei Münchehagen.
Foto: Institut für Geologie und Paläontologie der Universität Hannover

Verfahren ein, damit der Steinbruch als Naturdenkmal gesetzlich anerkannt werde. Vorher beschädigten jedoch unverantwortliche Sammler einzelne Fährten bei „Nacht-und-Nebel-Aktionen". Um für private Zwecke in den Besitz von Abgüssen der Dinosaurierfährten zu kommen, gossen sie ein Trittsiegel mit Zement aus, dessen Entfernung später die Wissenschaftler einige Mühe kostete. Als die Paläontologen Abgüsse der Fährten anfertigten, gingen sie effektiver vor: Zunächst wurde der Fährtenraum mit einem hauchdünnen Film aus Silikon überzogen und zur Verfestigung anschließend mit Gips ausgefüllt.

Die zuerst entdeckte Fährtenfolge, die sehr gut erhalten ist und heute unter der Abdachung einer Schutzhalle liegt, wurde schon 1980 erstmals wissenschaftlich untersucht. Als sich der spätere Direktor des Westfälischen Museums für Naturkunde, Dr. Alfred Hendricks, im November 1989 mit ihr beschäftigte, wurde ihm seine Arbeit nicht leicht gemacht. Noch genoss die Fährtenfolge keinen gesetzlichen Schutz, und so fuhren häufig Schwertransporter über sie hinweg, die sie regelmäßig mit Schnee und Schmutz zufüllten, so dass sie immer wieder gesäubert werden musste.

Trotzdem konnte Dr. Hendricks schon 1981 die ersten Ergebnisse seiner Untersuchungen vorlegen. Wie am Titel seiner Arbeit „*Die Saurierfährte von Münchehagen bei Rehburg-Loccum*" abzulesen ist, ging man damals noch davon aus, dass die 30 Meter lange und aus 22 einzelnen Trittsiegeln bestehende Fährtenfolge die einzige in dem Steinbruch sei. Dr. Hendricks bemerkte aber damals schon, dass „die drei Teilstücke vermutlich die noch erhaltenen Abschnitte einer Fährte sind, die von einem einzigen Sauropoden hinterlassen wurde. Ob möglicherweise mehrere Fährten vorliegen, kann endgültig erst nach der Aufnahme der gesamten Steinbruchsohle entschieden werden."

Hendricks versuchte, aus der Fährte den möglichen Erzeuger zu bestimmen, und kam damals zu dem später revidierten Schluss, dass dieser eine Rumpflänge von 2,50 bis 3,10 Metern hatte, seine Beinlänge berechnete er mit 2,90 Metern. Er verglich die Fährte mit denen, die der amerikanische Fossiljäger Roland T. Bird (1899–1978) in den 1940er Jahren aus dem US-Bundesstaat Texas beschrieben hatte. Wie diese hätte demnach ein *Apatosaurus* (besser bekannt unter seinem älteren Namen „*Brontosaurus*") von etwa 15 Metern Länge und 5 Metern Höhe die Münchehagener Fährte verursacht. Um sie von den deutlich kleineren Barkhausener Elefantenfußdinosauriern (Sauropoden) aus der Oberjurazeit abzugrenzen und sie damit von „*Elephantopoides barkhausensis*" zu unterscheiden, gab Dr. Hendricks der Fährte den Namen „*Rotundichnus muenchehagensis*" („Münchehagener Rundfährte"). Sein Entschluss, der Münchehagener Fährtenfolge einen wissenschaftlichen Namen zu verleihen, wurde allerdings 1989 von dem amerikanischen Dinosaurierfährtenkenner James O. Farlow kritisiert, da die Münchehagener Fährtenfolge keinerlei Feinheiten wie Ballen-, Zehen- oder Krallenabdrücke zeige, sondern nur die schüsselrunden Eindrücke der Fußsohlen, die letztlich von beinahe jedem entsprechend großen Elefantenfußdinosaurier hätten verursacht werden können.

Dennoch war durch Hendricks' Arbeit die große Bedeutung des Fährtenfundes bestätigt und bekannt gemacht worden. Nun war zu dem oberjurassischen Barkhausen noch ein Fährtenfund aus der deutschen Unterkreide gekommen, dessen europaweite Bedeutung allerdings erst in den nächsten Jahren voll erkannt wurde. Dennoch musste zunächst dieses erdgeschichtliche Denkmal gesichert werden, was bis zum Ende des Jahres 1980 durch die zuständige Verwaltung in der Kreisstadt Nienburg auch geschah. Zumindest auf dem Papier waren die

Dinosaurierfährten vor weiteren Beschädigungen geschützt. Um sie auch vor den erheblichen Witterungsunbilden des Winters 1980/1981 schützen zu können, wurden sie mit Kunst-stoffplanen überdeckt. Schnee, Eis, Frost und Regen konnten so dem paläontologischen Denkmal nicht mehr viel anhaben.

Ein erster Abguss der Einzelfährte wurde vom Naturkundemuseum in Münster angefertigt und das Duplikat im Landesmuseum ausgestellt. Am Ende der Fährtenfolge stellte man das lebensgroße Modell eines *Apatosaurus* auf, damit den Museumsbesuchern plastisch vor Augen geführt werden konnte, welch langhalsiges und peitschenschwänziges Tier hier in der Unterkreidezeit gelebt hatte.

Die Originalfährtenfolge im Steinbruch erfuhr 1983 durch die Errichtung einer 30 Meter langen Halle einen wesentlich besseren Schutz. Im Zusammenhang damit wurden zwischen 1984 und 1987 weitere Reinigungsarbeiten des Steinbruchbodens durchgeführt, die zur neuen Aufdeckung zahlreicher Fährten führten. Nach und nach kamen mehr Fährten, als man je erwartet hatte, zum Vorschein. Bald waren es sogar mehr als in Barkhausen, und schließlich zählte man über 250 Trittsiegel – nicht nur eine der größten Fährtenansammlungen aus der Unterkreidezeit weltweit, sondern auch die umfangreichste Dinosaurierfährtengruppe, die je in Deutschland gefunden worden ist!

1987 wurde das Steinbruchareal von etwa 15.000 Quadratmetern Fläche vom Landkreis Nienburg angekauft. Jetzt entstand zwischen 1987 und 1989 nach und nach ein richtiges Freilichtmuseum. Tafeln wurden in der Schutzhalle und im Gelände zur Information der Besucher aufgebaut, Absperrungen und feste Besucherzeiten wurden eingerichtet. Eine Aufsicht wachte darüber, dass sich keine

„Fossiliendesperados" mehr an den Spuren vergriffen und sie wie am Anfang beschädigten.
Auch rechtlich bekam die Münchehagener Fährtenansammlung einen verbesserten Status, da sie 1987 als Naturdenkmal in den schon bestehenden „Naturpark Steinhuder Meer" eingegliedert wurde. So hatte diese reizvolle Landschaft einen neuen Anziehungspunkt bekommen.
Auch Wissenschaftler beschäftigten sich jetzt erneut mit den Münchehagener Fährten. Im Rahmen einer Diplomarbeit wurde das geologische Umfeld untersucht. Ferner wurden die beiden Diplomgeologen Dr. Reinhard Töneböhn und Silvia Kulle-Battermann vom Geologisch-Paläontologischen Institut der Universität Hannover beauftragt, detaillierte Geländearbeiten durchzuführen, die nicht nur zur genaueren Untersuchung der Fährten beitragen, sondern auch Empfehlungen für die Unterschutzstellung, Konservierung und das Management dieses erdgeschichtlichen Denkmals erarbeiten sollten.
Wie bei den großen Plateosauriergrabungen in Trossingen (Baden-Württemberg) und Halberstadt (Sachsen-Anhalt) wurde der Steinbruchboden von den beiden Wissenschaftlern unterteilt, damit jede einzelne Fährte genau dokumentiert und ihre Lage und Beziehung zu anderen Fährten eingeschätzt werden konnte. Das Raster bestand aus Feldern von je 10 mal 14 Metern Größe. In diese Felder wurden systematisch zu jeder Einzelfährte wichtige Merkmale eingetragen: Ist es ein linker Vorderfuß- oder ein rechter Hinterfußabdruck? Ist der Abdruck deutlich, oder ist er noch mit Sediment ausgefüllt („plombiert")? Zeigt er Witterungs- und Zerstörungsschäden? Dass dies bei mehr als 250 zu vermessenden Einzelfährten eine langwierige Arbeit war, lässt sich leicht vorstellen.
Obwohl durch diese ausführliche Arbeit mit der „Nase am Boden" die Rohdaten gewonnen wurden, aus denen noch

weitergehende Schlüsse gezogen werden konnten, handelte es sich nur um einen Teil der umfassenden Untersuchung. Im Juni 1988 gingen die Wissenschaftler im wahrsten Sinne des Wortes in die Luft, als sie eine 11 Meter hohe Hebebühne mieteten, von deren Plattform aus Überblickfotos des Steinbruches gemacht wurden. Auch Aufnahmen von einem Flugzeug aus waren wertvoll, da sie bewiesen, dass sich die Fährten keineswegs ungeordnet und zufällig über dem Steinbruchboden verteilten, sondern ganz bestimmte Ordnungsprinzipien zeigten.
Alle Einzeluntersuchungen wurden von den beiden Wissenschaftlern schließlich zu einem Mosaik zusammengefügt und konnten 1988/1989 als ihre Interpretation der Münchehagener Fährten vorgestellt werden.

Die vierfüßigen Riesen

Von insgesamt 256 Einzelfährten ließ sich die weitaus größere Anzahl, nämlich 237 Stück, den großen Elefantenfußdinosauriern (Sauropoden), den pflanzenfressenden Riesen der Unterkreidezeit, zuordnen. Sie gleichen wie schon in Barkhausen augenfällig und für jedermann sofort sichtbar Elefantenfährten, sind also runde bis ovale Eindrücke. Bedauerlicherweise konnten in keinem Falle Anzeichen von Klauen, Zehen und Gehpolstern festgestellt werden, was bei Fährten von Elefantenfußdinosauriern durchaus erwartet werden kann, da zum Beispiel die innerste Zehenklaue ihrer Vorderfüße verlängert war und wohl auch als Verteidigungsinstrument benutzt wurde.
Die Fährten der Hinterfüße sind zwischen 60 und 130 Zentimeter groß, die meisten 80 Zentimeter lang. Ihre Breite beträgt im Durchschnitt 70 Zentimeter, sie kann jedoch

zwischen 45 und 110 Zentimeter schwanken. Ein sehr auffälliger Befund, den sich die Wissenschaftler zunächst nicht erklären konnten, war, dass von den insgesamt 237 gezählten Fährten von Elefantenfußdinosauriern lediglich 17 Exemplare von den Vorderfüßen stammten. Mit 40 bis 75 Zentimeter Länge und 40 bis 70 Zentimeter Breite sind sie deutlich kleiner als die Hinterfußabdrücke.

Paläontologen haben verschiedene Methoden entwickelt, aus den Fährten fossiler Tiere herauszulesen, wie groß die Tiere waren und wie schnell sie gingen. Dazu benutzen sie standardisierte Messgrößen, die überall die gleiche Anwendung finden, egal ob eine Fossilfährte in den USA, Asien oder Deutschland vermessen wird. Dazu zählt die einseitige Schrittlänge (der „Stride"), die bei den Münchehagener Elefantenfußdinosauriern zwischen 2 und 2,70 Metern beträgt. Die einfache Schrittlänge (der sogenannte „Pace") wurde mit durchschnittlich 120 bis 180 Zentimetern ermittelt. Zum Vergleich: Ein Mensch macht Schritte von 30 bis 40 Zentimetern.

Dinosaurier zeichnen sich durch ihre senkrecht unter den Körper gestellten Extremitäten aus und unterscheiden sich dadurch von allen anderen Reptilien. Auch bei den Münchehagener Fährten galt es, dies zu überprüfen. In welchem Abstand standen die Extremitäten der Elefantenfußdinosaurier unter dem Körper? Für die Vorder- und die Hinterbeine konnten die Wissenschaftler den sehr geringen Wert von nur 93 Zentimetern ermitteln. Dies bewies, dass die Elefantenfußdinosaurier von Münchehagen ihre mächtigen Beine tatsächlich säulenartig wie ein heutiger Elefant unter dem Körper stehen hatten.

Um herauszufinden, wie groß, wie schwer und wie schnell die Tiere waren, welche die Fährten hinterlassen hatten, verglichen

die Paläontologen die Fährten mit anderen ähnlichen in aller Welt und stellten statistisch-biologische Berechnungen an. Zwei frühere Bearbeiter der Fährten hatten 1981 und 1986 noch angenommen, dass die Rumpflänge der Elefantenfußdinosaurier 2,40 bis 3,10 Meter und die Länge der Beine maximal 3 Meter betragen habe. Beine, die immerhin höher als jedes Zimmer gewesen wären! Die Rumpflänge eines Tieres lässt sich anhand von Fährten dadurch ermitteln, dass man den Abstand vom Vorderfuß- zum Hinterfußabdruck feststellt, denn je länger der Rumpf des Tieres im Verhältnis zu seinen Extremitäten ist, umso weiter liegt der Abdruck der Vorderfüße vor den Hinterfußabdrücken und umgekehrt. Ein Elefant, bei dem das Verhältnis von Rumpflänge zu Beinlänge etwa 1:1 beträgt, hinterlässt ein Fährtenbild, bei dem sich die Hinterfußabdrücke unmittelbar vor den Vorderfußabdrücken einprägen. Da bei den Münchehagener Elefantenfußdinosaurier-Fährten die Abdrücke der Vorder- und Hinterfüße deutlich auseinanderliegen, dürfte die Länge ihres tonnenförmigen Rumpfes eindeutig größer gewesen sein als die ihrer Extremitäten.
Dies war ein neuer aufregender Befund, der sich auf mehr als 200 Einzelfährten stützte. Die Münchehagener Elefantenfußdinosaurier besaßen demnach noch wesentlich größere Ausmaße als vorher angenommen wurde. Dr. Töneböhn und Silvia Kulle-Battermann berechneten, dass die Pflanzenfresser, die hier vor 140 Millionen Jahren entlanggezogen waren, mächtige Leiber von 4 Metern Länge hatten und ihre Hüften in 3 Meter, wahrscheinlich sogar 4 Meter Höhe trugen. Bei einem Vergleich mit dem im Frankfurter Senckenberg-Museum aufgestellten amerikanischen *Diplodocus*-Skelett, das ganz ähnliche Proportionen aufwies, zeigte sich, dass die Münchehagener Elefantenfußdinosaurier eine Gesamtlänge von 20 bis 30 Metern erreichten. Aufgrund des Belastungsdruckes der

Fährten könnten sie 25 Tonnen gewogen haben. Es waren die größten Tiere, die je Deutschlands Boden berührten: so hoch wie das höchste Säugetier, der ausgestorbene Steppenelefant, und beinahe so lang wie das längste Säugetier, der Blauwal!
Diese Giganten waren mit einer Geschwindigkeit von weniger als 10 Stundenkilometern dahingeschlendert, wohl weil sie ihre Füße aus dem Schlick oder Schlamm ziehen mussten und weil sie im Wasser liefen. Es ist übrigens bemerkenswert, dass sich bei dieser großen Fährtenanzahl kein einziger Schwanzabdruck nachweisen ließ, wie auch bei anderen Fährten von Elefantenfußdinosauriern nicht. Die Münchehagener Riesen trugen demzufolge ihre Peitschenschwänze mehr oder weniger horizontal. Das alte Bild des Dinosauriers, der seinen Schwanz reptilienhaft hinter sich am Boden herschleifte, wurde auch durch die Münchehagener Funde korrigiert.

Eine Momentaufnahme aus dem Sauropodenleben

Nach der Ermittlung von Körpergröße und Geschwindigkeit der Elefantenfußdinosaurier konzentrierte sich das Interesse der Wissenschaftler auf die Frage, ob aus der Anordnung der Fährten etwas über die Lebensweise der Elefantenfußdinosaurier herausgelesen werden könne. Anhand der Luftaufnahmen war festgestellt worden, dass im westlichen Teil des Steinbruches wenigstens sieben einzelne Fährten deutlich voneinander abgesetzt von Südwesten nach Nordosten verliefen. Diese Einzelfährten sind jeweils zwischen 30 und 60 Meter lang. Da sich manche der Fährten aber sogar noch nordöstlich des dazwischenliegenden kleinen Hügels fortsetzten, erreichen die längsten zusammenhängenden Fährten eine Länge von 100 Metern.

Welche Bedeutung hatten die sieben parallel verlaufenden Fährten? Zunächst musste man sich vergewissern, dass die Laufrichtung der sieben Elefantenfußdinosaurier auch tatsächlich in eine gemeinsame Richtung wies. Fossilisierte Schlammwulste, die vom Gewicht der gewaltigen Beine an den Vorderrändern der Abdrücke aufgewölbt worden waren, bestätigten eine solch einheitliche Bewegungsrichtung.
Zu diesem Zeitpunkt beschäftigten sich die Hannoveraner Paläontologen auch mit der Frage, warum vor allem im westlichen Steinbruch fast ausschließlich Hinterfußabdrücke zu sehen sind. Da Elefantenfußdinosaurier durch ihr gewaltiges Gewicht stets auf alle vier Gliedmaßen niedergedrückt wurden, schien es für dieses Phänomen zunächst keine zufriedenstellende Erklärung zu geben. Vor den genauen Untersuchungen zwischen 1985 und 1987 war man deshalb immer davon ausgegangen, dass die größeren und breiteren Hinterfüße einfach die Vorderfußstapfen überdeckt und deshalb ausgelöscht hatten. Eine wenig realistische Vermutung, denn in diesem Falle hätte man wenigstens ab und zu Teile der Vorderfußabdrücke finden müssen. Auch die Annahme, dass sich die Abdrücke der Vorderfüße fossil nicht erhalten hätten, musste ausgeschlossen werden.
Das Rätsel der „verschwundenen Vorderfüße“ löste sich durch einen anderen Denkansatz: In der Unterkreidezeit lag die Fundstelle in einer Landschaft, die aus lagunenartigen Becken bestand. Dieses von den Geologen als „Niedersächsisches Becken“ bezeichnete Gebiet erstreckte sich als großflächiger Süßwasserbinnensee, aus dem seichtere Untiefen und sogar Inseln aufstiegen, wodurch sich in dem Binnensee wechselnde Wassertiefen ergaben. Dass das Areal zur Zeit seiner Entstehung mit Wasser bedeckt war, bewiesen die sogenannten „Rippelmarken“, von sanft bewegtem Wasser geschaffene, parallel

verlaufende Sandwülste, wie man sie auch heute in Strandnähe sehen kann, und außerdem Grabgänge von Würmern oder Muscheln. Die Rippelmarken konnten nur dort entstehen, wo die Wassertiefe maximal einige Meter betrug. Die Gruppe der Elefantenfußdinosaurier musste sich also in seichtem Flachwasser fortbewegt haben. Warum waren dann aber nur ihre Hinterfußabdrücke erhalten geblieben? Auch darauf gibt die Vorstellung ihrer damaligen Umwelt die Antwort: Wo das Wasser tiefer wurde, sanken die schwereren Hinterkörper der Tiere mit den kräftigen Hinterbeinen tiefer in den Boden als die leichteren Vorderkörper. So schaute nur noch der vordere Teil des langen Halses samt dem kleinen Kopf aus dem Wasser. Gleichzeitig hob der Auftrieb des Wassers den Vorderkörper nach oben. Die Elefantenfußdinosaurier schwammen also mit schräg aufgerichtetem Vorderkörper, zwangsläufig verloren ihre Vorderfüße dabei den Kontakt mit dem Seeboden – und konnten deshalb auch keine Abdrücke im Sand oder Schlamm des Seebodens hinterlassen. Während sich die Elefantenfußdinosaurier auf den Hinterbeinen fortbewegten und in der Gruppe das Wasser durchschwammen, paddelten sie vielleicht mit ihren Vorderbeinen in der Art, wie Hunde schwimmen.
Irgendwann hatten die Pflanzenfresser die tieferen Passagen durchquert, unter ihren Körpern stieg der Sand wieder empor. Das flachere Wasser vermochte nun den Vorderkörper nicht mehr emporzuheben, und so bekamen die Tiere auch mit ihren Vorderfüßen wieder Bodenkontakt. Die Elefantenfußdinosaurier setzten ihre Wanderung auf allen vieren fort. Wie in einer feststehenden Zeitlupenaufnahme zeigt die Fährte, über der sich die Schutzhalle befindet, diesen Vorgang. Insgesamt haben die Riesen das Flachwasser relativ zügig und zielgerichtet durchschritten, ohne dabei zu pausieren oder etwas zu fressen. Ein Verweilen für einen dieser Zwecke wäre unweigerlich

fossil dokumentiert worden.
Da sich die Fährten auch in den Abschnitten, in denen sie sehr nahe beieinander liegen, nicht überkreuzen oder überlappen, obwohl sich die mächtigen Körper einander genähert haben müssen, ist anzunehmen, dass die Tiere während ihres Zuges „diszipliniert" nebeneinander gingen. Einen besonderen Ein-blick in die Organisation dieser Kleinherde gewinnt man beim Betrachten der Fährten Nr. 2 und Nr. 3: Eine Zeitlang verlaufen sie parallel zueinander, doch unvermittelt entschließt sich der dritte Elefantenfußdinosaurier offensichtlich zu einer Richtungsänderung und läuft schräg auf den zweiten Elefantenfußdinosaurier zu. Bevor es jedoch zu einer Berührung kommt, dreht der dritte Elefantenfußdinosaurier ab und läuft von da an mit dem zweiten Elefantenfußdinosaurier wieder gemeinsam in eine Richtung.
Die Münchehagener Elefantenfußdinosaurier-Fährten beweisen, dass die größten Pflanzenfresser, die je die Erde bewohnt haben, in kleineren und größeren Herden lebten. Es muss ein majestätischer Anblick gewesen sein, wie diese Riesen am Münchehagener Strand entlang gezogen sind!

Die geheimnisvolle Dreizeherfährte

Im östlichen Teil des Steinbruches verläuft auf einer Länge von 28 Metern eine einzelne Fährte, die sich auf den ersten Blick von den Elefantenfußdinosaurierfährten unterscheiden lässt. Sie besteht aus 19 dreizehigen Fußabdrücken und wurde von einem nur auf den Hinterbeinen gehenden Dinosaurier verursacht.
Die einseitige Ganglänge dieses Dreizehers beträgt 2,40 bis 2,85 Meter, aber seine Gangbreite ist extrem gering, teilweise

erreicht sie nicht einmal 10 Zentimeter, und manchmal wurde sogar ein Fuß leicht vor dem anderen gekreuzt, eine Gangweise, die man umgangssprachlich mit dem Ausdruck „über den gro-ßen Onkel gehen“ oder als „Entenwatschelgang“ bezeich-net.

Aus den gemessenen Daten der Fährte konnte nach den gleichen Methoden wie bei den Elefantenfußdinosaurier-Fährten berechnet werden, dass der vogelartige Dreizeher eine Hüfthöhe von mindestens 2 Metern und damit eine Gesamtlänge von 7 bis 9 Metern gehabt haben muss. Seine Scheitelhöhe mag bei voll aufgerichtetem Oberkörper – wenn er beispielsweise nach etwas Fressbarem Ausschau hielt – 5 Meter betragen haben. Dieser Dinosaurier bewegte sich nur mit circa 6 Stundenkilometern. Herauszufinden, welcher Dinosaurier die Dreizeherfährte verursacht hatte, bereitete den Paläontologen etwas Kopfzerbrechen, da es zwei verschiedene Dinosauriergruppen gibt, die sehr ähnliche Fährten erzeugt haben, aber nicht weiter miteinander verwandt waren: die Vogelfußdinosaurier (Ornithopoda) bei den Vogelbeckendinosauriern und die Raubtierfußdinosaurier (Theropoda) bei den Echsenbeckendinosauriern. Eine Unterscheidung der Fährten wäre sehr wichtig, da die eine Gruppe aus harmlosen Pflanzenfressern, die andere aber aus Fleischfressern bestand.

Zunächst schien sich beim Vergleich mit anderen Fährten die größte Übereinstimmung mit dem Münchehagener Dreizeher bei einer *Amblydactylus kortemeyeri* genannten Fährte aus der kanadischen Unterkreide zu finden. *Amblydactylus* war ziemlich sicher ein Entenschnabeldinosaurier (Hadrosaurier); diese Dinosauriergruppe wäre damit 1988 erstmals aus Deutschland nachgewiesen worden.

Aber nach erneuten Untersuchungen und aufgrund der etwas

spitzeren Zehen hielten Töneböhn und Kulle-Battermann 1989 doch einen Fleischfresser, einen großen Carnosaurier, für den wahrscheinlicheren Kandidaten, nicht zuletzt, weil die Fleischfresser weniger Herdenverhalten als die Pflanzen fressenden Vogelfußdinosaurier zeigten.
Ganz ausschließen konnten die beiden Wissenschaftler aber nicht, dass hier nur ein harmloser Vogelfußdinosaurier seines Weges gezogen war. Die Frage nach der Beziehung des einzelgängerischen Dreizehers zur Herde der Flachwasser durchquerenden Elefantenfußdinosaurier bleibt also unbe-antwortet. War es eine zufällige, eher belanglose Begegnung von Pflanzenfressern, die auf dem Weg zu unterschiedlichen Weidegründen waren und dabei den flachen Uferbereich des Binnensees kreuzten, oder war es eine jener häufig dargestellten Situationen, bei der sich eine Pflanzenfresserherde von einem großen Fleischfresser verfolgt fühlte? Wie wir heute von fossilen Fährten der Fleischfresser wissen, schreckten diese jedenfalls nicht davor zurück, ihre Beute schwimmend bis in das scheinbar rettende Tiefwasser zu verfolgen.
Auf Jungtiere der Elefantenfußdinosaurier scheint es der Raubdinosaurier mit den 55 Zentimeter langen und 50 Zentimeter breiten Pfoten nicht abgesehen zu haben, da die Fährten zeigen, dass keine ausgesprochen kleinen Tiere mitliefen.

Seltsame Gebilde im Steinbruch: Suhlen, Krater und Kothaufen

Neben den eindeutig bestimmbaren Elefantenfußdinosaurier- und Dreizeherfährten hat eine Anzahl weniger klar zu deutender Strukturen im Steinbruch bei Münchehagen die Wissenschaftler beschäftigt.
Zum einen handelt es sich um drei längliche, flache und

nebeneinander liegende Gruben im Boden des Steinbruches. Ihr zwiebelschalenartiger Aufbau wurde zunächst so gedeutet, dass Elefantenfußdinosaurier hier ihre tonnenschweren Körper zur Ruhe gelegt hatten oder sie sich, ähnlich wie Elefanten, mit einem Schlammbad erfrischt hätten. Erst 1987 schied man diese Entstehungsmöglichkeit durch nähere Untersuchungen aus, und heute glaubt man, dass die „Sauriersuhlen" in Wirklichkeit durch fließendes Wasser gebildet worden sind. Ob dies durch Bäche geschah, die sich am Ufer des Binnensees ihren Weg suchten, oder durch andere von Nordnordost nach Südsüdwest fließende Gewässer, ist noch nicht ganz klar. Auf jeden Fall wurden diese Strukturen eindeutig später angelegt als die Dinosaurierfährten, so dass allein schon deshalb kein ursächlicher Zusammenhang zwischen beiden bestehen kann.
Neben den „Ruhelagern der Dinosaurier" gibt es drei Anhäufungen, die als „Kothaufen" der Dinosaurier bezeichnet worden sind; einer südlich der Schutzhalle, ein anderer nur wenige Meter nördlich davon und ein weiterer am nordöstlichen Rand des kleinen Hügels. Ihr Aufbau und die Tatsache, dass in den bis zu 1,50 Meter großen „Fladen" grobes Pflanzenmaterial zu sehen ist, das sich wegen seines Kohlegehaltes dunkel färbt, hatte zu dieser Deutung geführt. Tatsächlich kennt man von vielen Fundstellen auf der Welt fossilen Dinosaurierkot (sogenannte Koprolithen, „Kotsteine").
Der scheinbare Dinosaurierkot aus Münchehagen ist aber ganz anders geformt und wird daher inzwischen nur als in Rinnen zusammen geschwemmte Pflanzenteile interpretiert, ist also nicht tierischen Ursprungs.
Die dritte und letzte der rätselhaften Bildungen im Steinbruch sind schüssel- oder kraterartige Vertiefungen von 16 Zentimeter Tiefe und bis zu 1,50 Meter Breite. Sie wurden erst im Herbst 1987 bei Reinigungsarbeiten entdeckt. Wegen mehrerer

Eigenarten sind sie sehr auffällig. In ihren Umrissen erinnern sie fast an aufgeklappte Muschelschalen, und sie sind bis auf eine Ausnahme in einem gleichmäßigen Abstand von etwa 1,70 Meter nebeneinander aufgereiht. Darüber hinaus haben diese „Doppelkrater" eine fast symmetrische Ausrichtung. Wie sie entstanden sind, ist bis heute ein völliges Rätsel. Ihre Anordnung legt allerdings nahe, dass es sich bei ihnen um Fährten von Elefantenfußdinosauriern handeln könnte.

Die Zukunft der Münchehagener Fährten

Die bisherigen geologisch-paläontologischen Untersuchungen haben die herausragende Bedeutung der Münchehagener Dinosaurierfährten bestätigt und manchen Zusammenhang klarer werden lassen. Die Erhaltung eines derartigen geowissenschaftlichen Freilichtmuseums kostet aber Geld, insbesondere die Konservierung und Erhaltung der Fährten.

Besucher, die den Pfingsturlaub im Mai 1991 zu einem Besuch des Naturdenkmals nutzen wollten, kehrten enttäuscht wieder um: Am Zaun, der den Steinbruch umgibt, wies ein Schild darauf hin, dass der Steinbruch derzeit gesperrt sei, weil Maßnahmen zur Konservierung und zum Schutz der Fährten durchgeführt würden. In der Tat waren alle freiliegenden Fährten durch große Strohballen abgedeckt. 1992 fanden schließlich große Baumaßnahmen statt. Durch die Niedersächsische Sparkassenstiftung, das Land Niedersachsen und den Landkreis Nienburg finanziell unterstützt, wurde nach amerikanischem Vorbild eine Schutzhalle über die Dinosaurierfährten gebaut. Die Fährtenhalle wurde in einen geowissenschaftlichen Lehrpfad integriert, der von privater Hand eingerichtet wurde. Mehr als 100 lebensgroße Rekonstruktionen von urzeitlichen Lebewesen begleiten nun die Dinosaurier-

fährten.
Der Lehrpfad wurde im Sommer 1992 publikumswirksam eröffnet, indem per Helikopter eine Nachbildung von *Apatosaurus* eingeflogen wurde, die – auf den Fährten stehend – den Besuchern nun drastisch vor Augen führt, welche Dimensionen die Fährtenerzeuger hatten.
Nach 18 Monaten und mit Hilfe von 2,8 Millionen DM konnte am 12. März 1993 schließlich auch die Schutzhalle feierlich eröffnet werden, die nun wissenschaftlich fundierte Informationen zu den Fährten bietet.
Es scheint, dass die Dinosaurierfährten von Rehburg-Loccum in Verbindung mit dem Dinosaurierfreilichtmuseum zu einer Institution werden, die mit dem im US-Bundesstaat Utah gelegenen „Dinosaur National Monument" verglichen werden kann, obwohl hier nicht wie in den USA Dinosaurierknochen vor den Augen der Besucher aus dem Gestein präpariert werden. Die Besucherzahlen sprechen für die Attraktivität dieser mit allen modernen Kommunikationsmitteln arbeitenden „Dinosaurierschau". Besuchten 1986 noch 10.000 Neugierige das bescheiden organisierte Areal, waren es 1990 bereits 40.000 Besucher, und 1992 fühlten sich bereits 150.000 große und kleine Dinosaurierfans von der Einrichtung angezogen!
Über die Zukunft der Dinosaurierfährten wacht – bisher einmalig für einen deutschen Dinosaurierfund! – der Verein „Förderkreis Saurierfährten Münchehagen" mit Sitz in Nienburg. So scheinen die Dinosaurierfährten für die Zukunft finanziell und wissenschaftlich kompetent abgesichert zu sein; eine sehr erfreuliche Tatsache, sind sie doch ein gutes Beispiel dafür, wie uns die Erdgeschichte Deutschlands lehrreich und plastisch nähergebracht werden kann.

Der Dinosaurier-Park Münchehagen

Das Naturdenkmal „Saurierfährten Münchehagen“ bildet das Zentrum des 1992 eröffneten Freilichtmuseums „Dinosaurier-Park Münchehagen“. Ein ungefähr 2,5 Kilometer langer Rundweg führt thematisch durch die Erdgeschichte vom Erdaltertum über das Erdmittelalter bis zur Erdneuzeit. Entlang des Rundweges sind mehr als 220 lebensgroße Rekonstruktionen prähistorischer Tiere zu bewundern. Die größte Attraktion sind die Dinosaurier, unter ihnen der 45 Metern lange Elefantenfußdinosaurier *Seismosaurus,* der als eines der größten Dinosauriermodelle weltweit gilt.
Seit 2004 gräbt der „Dinosaurier-Park Münchehagen“ im benachbarten noch aktiven Steinbruch Wesling immer wieder neue Dinosaurierspuren aus. Die 1980 entdeckten Dinosaurierfährten von Münchehagen hat man 2006 als bedeutendes „Nationales Geotop“ ausgezeichnet. Im selben Jahr wurde der „Dinosaurier-Park Münchehagen“ Mitglied der „National Geographic Society“. Seit 2010 zeigt man die im Steinbruch Wesling gefundenen Dinosaurierspuren in der Fährtenhalle des „Dinosaurier-Parks Münchehagen“.

Literatur

FISCHER, Rudolf / KULLE-BATTERMANN, Silvia / TÖNEBÖHN, Reinhard (1988): Das Naturdenkmal Saurierfährten Münchehagen. In: *Natur und Museum,* 118 (1), S. 385–392.

FISCHER, Rudolf / THIES D. (1993)*: Das Dinosaurier-Freilichtmuseum Münchehagen und das Naturdenkmal „Saurierfährten Münchehagen*“, Dinosaurierpark Münchehagen GmbH & Co.

HENDRICKS, Alfred (1981): Die Saurierfährte von Münchehagen bei Rehburg-Loccum (Nordwest-Deutschland). In: *Abhandlungen des Landesmuseums für Naturkunde, Münster*, 43 (2), S. 1–22.

HENDRICKS, Alfred (1982): Fährten von Sauriern in Nordwest-Deutschland. In: *Natur- und Landschaftskunde,* 18, S. 45–48.

LOOK, E.-R. / KULLE-BATTERMANN, Silvia / TÖNEBÖHN, Reinhard (1988):
Die Dinosaurierfährten von Münchehagen im Landkreis Nienburg, Naturhistorische Gesellschaft Hannover.

MEYER, Dirk (1987): Naturdenkmal Saurierfährten von Münchehagen. In: *Fossilien, 3,* S. 142–143.

PROBST, Ernst (1986): Deutschland in der Urzeit. Von der Entstehung der Erde bis zum Ende des Eiszeitalters, C. Bertelsmann, München.

PROBST, Ernst (2010): Dinosaurier von A bis K. Von Abelisaurus bis Kritosaurus, GRIN, München.

PROBST, Ernst (2010): Dinosaurier von L bis Z. Von Labocania bis Zupaysaurus, GRIN, München.

PROBST, Ernst / WINDOLF, Raymund (1993): Dinosaurier in Deutschland, C. Bertelsmann, München.

TÖNEBÖHN, Reinhard / KULLE-BATTERMANN, Silvia (1988 a): *Maßnahmen*
zum Erhalt des Naturdenkmals „Saurierfährten Münchehagen“, Arbeitsbericht Teil B, Landkreis Nienburg/W.(Amt für Regionalplanung), Nienburg/Weser.

TÖNEBÖHN, Reinhard / KULLE-BATTERMANN, Silvia (1988b): *Vorschläge zur*
weiteren musealen Gestaltung des Naturdenkmals »Saurierfährten Münchehagens, Arbeitsbericht Teil C, Landkreis Nienburg/W. (Amt für Regionalplanung), Nienburg/Hannover.

TÖNEBÖHN, Reinhard / KULLE-BATTERMANN, Silvia (1989): *Die Dinosaurierfährten von Münchehagen,* Arbeitsbericht Teil A, *Zur Paläontologie der Saurierfährten von Münchehagen,* Landkreis Nienburg/W.(Amt für Regionalplanung),

Nienburg/Hannover.
WIKIPEDIA (Online-Lexikon): Dinosaurier-Park Münchehagen
https://de.wikipedia.org/wiki/Dinosaurier-Park_M%C3%BCnchehagen
WINDOLF, Raymund (1989): Dinosaurier-Lexikon. Das aktuelle Wissen über die Dinosaurier, von ihren Anfängen bis zum Aussterben, Goldschneck-Verlag, Korb.

Leguanzahndinosaurier Iguanodon (im Vordergrund) auf einem Gemälde von Fritz Wendler (1941–1995) für das Buch „Deutschland in der Urzeit" (1986) von Ernst Probst

Iguanodon-Knochen und -Fährten aus dem norddeutschen Wealden

Einer der frühesten Funde von deutschen Dinosauriern scheint von *Iguanodon,* dem Leguanzahndinosaurier, zu stammen. 1843/1844 schrieb Wilhelm Dunker (1809–1885) im Programm der Höheren Gewerbeschule in Kassel, wo er als Lehrer wirkte: „Vielleicht kommt indessen auch das *Iguanodon anglicum* (Mantelii) in Norddeutschland vor, da ich vor mehreren Jahren bei Obernkirchen einen Zahn fand, der mir leider abhanden gekommen ist, aber soviel ich mich entsinne, die Zahnbildung jenes wunderbaren Riesenthieres zeigte."

Jenes „wunderbare Riesenthier", von dem Dunker schrieb, war ein Dinosaurier, dessen Zähne vor 1822 von der Frau Mary Ann des englischen Landarztes Gideon Algernon Mantell (1790–1852) gefunden worden waren. Die Ähnlichikeit dieser fossilen Zähne mit denen des heutigen Grünen Leguan legte dem Amateur-Paläontologen Mantell die Bezeichnung *Iguanodon* („Leguanzahn") nahe, mit der er 1825 den Dinosaurier benannte.

Das Alter der südenglischen Unterkreideschichten, des bereits erwähnten „Wealden", fand seine Entsprechung in den nahezu gleich alten Schichten der Bückeberge, in denen Obernkirchen liegt, so dass es kein Wunder war, dass bei Baumaßnahmen und Steinbrucharbeiten bald die Äquivalente zum „englischen Leguanzahn" gefunden wurden. Dunkers *Iguanodon*-Zahn mag ein solch früher, verloren gegangener Fundbeleg gewesen sein. Bis die nächsten Knochen des pflanzenfressenden Riesen zum Vorschein kamen, vergingen jedoch einige Jahrzehnte, wenn auch nicht ausgeschlossen werden kann, dass sich in

manchen Privatsammlungen so ein Stück befand oder befindet.
Sichere Kenntnis haben wir jedoch von einem Oberarmknochenbruchstück (Humerus), das im Hauptflöz des Marienschachtes in der Grube Körssen bei Stadthagen gefunden wurde. Das 21 Zentimeter lange Fragment stellte Wilhelm Dames während der Februar-Sitzung der Deutschen Geologischen Gesellschaft 1884 ausführlich vor. Er hatte von dem großen belgischen Paläontologen Louis Dollo (1857–1931) Fotos der neuentdeckten *Iguanodon manteli* und *Iguanodon bernissartensis* erhalten, kam aber zu dem Schluss, dass das Stadthagener Fragment zwar keiner der beiden Formen gleiche, aber unzweifelhaft zu der Gattung *Iguanodon* zu stellen sei.
Ernst Koken, der 1887 diesen Fund in seiner Monographie über die Saurier des norddeutschen Wealden beschrieb, bemerkte dazu„dass dieser Skeletteilfund von *Iguanodon* vereinzelt dastehe, betonte aber gleichzeitig, dass er am Bückeberg sehr wohl Fährten gesehen habe, die er den großen Leguanzähnern zuschreibe..Und diese typisch breiten, dreizehigen Fährten, die allgemein *Iguanodon* als Verursacher nahe legen, sind für die Bückeberge und die Rehburger Berge fast schon so etwas wie ein Signum geworden, denn sie tauchten immer wieder auf, während Knochenfunde aufhörten.
Die Fährten waren so zahlreich„dass 1909 ein Wissenschaftler das Augenmerk der Museumsdirektoren auf die Fundstellen zu lenken versuchte„da durch das fehlende Interesse viele Spuren verloren gingen. Vor einigen Jahren sei eine fortlaufende Spur von etwa „20 einzelnen Fußstapfen“ gefunden worden, aber da niemand Einspruch erhob, wären mit den Fährtenplatten einfach die Straßen gepflastert worden. Anfänglich tat man sich mit der Interpretation der Fährten noch schwer; manchmal glaubte man, Fährten zu sehen„die zwischen den

Zehen ausgebreitete Schwimmhäute besaßen„aber diese Annahme ließ sich nicht aufrechterhalten.
Eine der spektakulärsten Fährtenansammlungen aus den Bückebergen konnte 1927 von dem damals in Berlin tätigen Paläontologen Wilhelm Otto Dietrich (1881–1964) vorgeführt werden: Auf dem Schauenstein bei Obernkirchen war im Juni 1926 eine Platte mit 100 Quadratmetern entdeckt worden, die circa 40 verschiedene Dreizeherfährten zeigte. Der Steinbruch, aus dem sie stammte, lag in 200 Meter Höhe über einer Glashütte und enthielt wenigstens drei unterschiedliche, durch einige Meter Sandstein getrennte Fährtenhorizonte, von denen im Juni 1926 der oberste freigelegt war. Allein in diesem Steinbruch entdeckte man Hunderte von Dreizeherfährten.
Seit 1927 kamen keine neuen Nachrichten über fossile Dinosaurierfährten aus den Bückebergen. Erst 1978 konnte Professor Ulrich Lehmann aus Hamburg eine gewaltige Platte aus Obernkirchner Sandstein für sein Institut ankaufen. Auf der 3,20 Meter langen und 2,5 Tonnen schweren Steinplatte sieht der Besucher des Hamburger „Geomatikums“ im Vorraum des Museums des Geologisch-Paläontologischen Institutes zahlreiche Fährten. Sie sind scheinbar regellos angeordnet und liegen wie übereinandergeschichtet auf der Plattenebene. Was man sieht, ist in Wirklichkeit die Unterseite der ursprünglichen Dreizeherfährten. Diese sogenannten „Hyporeliefe“ entstanden, weil die Hohlräume ausgetretener Spuren durch eingeschwemmte Sedimente, in diesem Fall Sand, ausgefüllt und dadurch eingeebnet wurden. Im Laufe der Zeit verfestigten sich sowohl der ehemals feuchte Tonboden als auch die aufgeschütteten Sande zu Gestein. Als im Steinbruchbetrieb die Sandsteinplatte deckelartig von der darunter liegenden Tonschicht abgehoben wurde, zerbrach

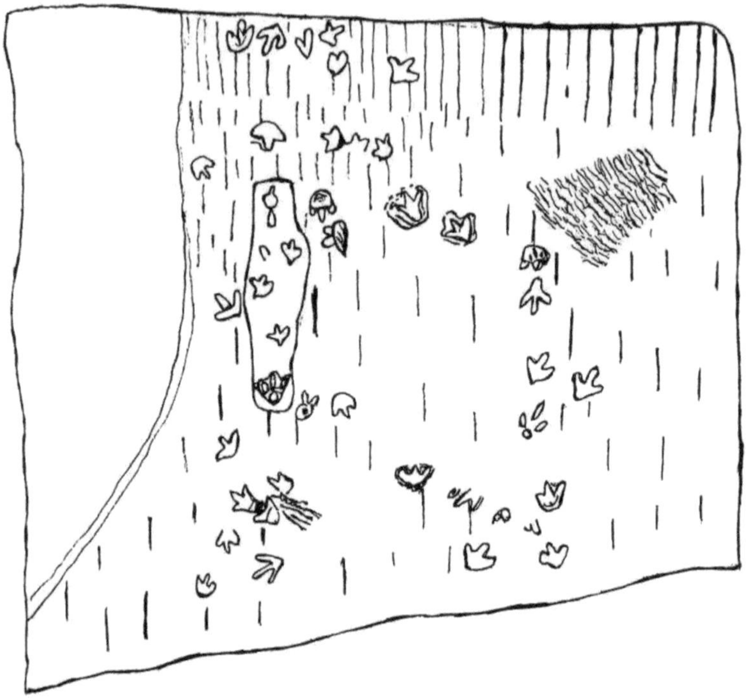

Im Juni 1926 in einem Steinbruch auf dem Schauenstein bei Obernkirchen entdeckte dreizehige Dinosaurierfußabdrücke. Zeichnung aus „Über Fährten ornithopoder Saurier im Oberkirchner Sandstein" von Wilhelm Otto Dietrich in „Zeitschrift der deutschen Geologischen Gesellschaft" (1927)

die Schiefertonschicht, aber in der Sandsteinschicht blieben die erhabenen Trittsiegel spiegelbildlich konserviert.
Auf der im September 1972 angekauften Platte befinden sich 23 Einzelfährten. Sie können in zwei Größenklassen eingeteilt werden: Die Mehrzahl zeigt eine Länge und Breite von 36 bis 40 Zentimetern, während drei Einzeltritte nur 25 Zentimeter lang und breit sind. Dies bedeutet, dass hier entweder Alt- und Jungtiere der gleichen Dinosaurierart oder unterschiedliche Arten bzw. Gattungen gegangen sind. Professor Lehmann hielt letzteres für wahrscheinlicher. Bei genauer Analyse zeigte sich der erstaunliche Befund, dass die Dinosaurier in drei verschiedene Richtungen gelaufen waren.
Von links oben nach rechts unten auf der Platte laufen 13 Einzelfährten, von rechts unten nach links oben – also entgegengesetzt 8 Einzelfährten. Als einzige Fährte weist die als „Nr. 6“ bezeichnete senkrecht nach unten auf der Platte und hat damit eine von den Hauptwanderrichtungen abweichende Orientierung. Führt man sich vor Augen, dass hier Dinosaurier wegartig auf einem schmalen Pfad gegangen sind, und dass die Platte sicherlich nur ein kleiner Ausschnitt der wirklichen Fährtenansammlung ist, wird einem klar, dass sich hier ein Fenster in die Erdgeschichte auftut, durch das man wie in Barkhausen an der Hunte auf einen „fossilen Dinosaurierwildwechsel“ blicken kann.
In der Unterkreidezeit waren in einem Übergangsbereich von Land und Wasser Vogelbeckendinosaurier, wahrscheinlich Iguanodonten, nacheinander in entgegengesetzte Himmelsrichtung gelaufen. Die linke Seite der Platte scheint dabei im Trockenen gelegen zu haben, denn dort sind Abdrücke eines kreidezeitlichen Regenschauers zu sehen, der seine runden Tropfen fossil hinterlassen hat. Der rechte Plattenteil muss sich dagegen unter flacher Wasserbedeckung befunden haben, da

sich hier die für Flachwasserbereiche so typischen Rippelmarken gebildet haben.
Fährtensammlungen wie die in Hamburg zu sehende oder die 1926 gefundene beweisen, dass *Iguanodon* in der Unterkreidezeit Deutschlands ein recht häufiger Dinosaurier gewesen sein muss.

Münchehagen: Das „verschwundene“ Dinosaurierskelett

Nach dem Zweiten Weltkrieg kamen in der Gegend von Münchehagen südöstlich des Steinhuder Meeres zwischen 1952 und 1958 mehrfach fossile Fährten ans Tageslicht. Eine Zeitung berichtete am 5. September 1952, dass der Fußabdruck einer „Riesenechse“ gefunden worden sei, den man der Schule in Münchehagen für Studienzwecke zur Verfügung gestellt habe. Sowohl der damalige Lehrer in Münchehagen, Rolf Hulke, wie auch Hauptlehrer Teidels aus Loccum bemühten sich sehr um die Sicherstellung derartiger Fußabdrücke, von denen Dutzende gefunden wurden. Über ihren Verbleib ist dennoch nichts bekannt. Steinbrucharbeiter berichten, dass die Schulkinder damals die versteinerten Dinosaurierfährten in Handwagen in ihre Schulen abtransportierten.
Noch rätselhafter als die nicht mehr auffindbaren Fährten ist aber eine Entdeckung, an der eine Gruppe von sieben bis acht Steinbrucharbeitern beteiligt gewesen sein soll. 1952 soll neben den Fährten auch ein ganzes Dinosaurierskelett aufgetaucht sein. Ludwig Pißowotzki aus Münchehagen, damals im Steinbruch beschäftigt, weiß heute noch genau die Stelle, an der dieser Fund aus dem Gestein geholt worden sei. Nach seinen Angaben soll der Schädel 70 bis 80 Zentimeter groß, die Schulter 80 Zentimeter breit gewesen sein und die Körperlänge 7 bis 8 Meter betragen haben. Dazu kam noch ein ebenso langer Schwanz. Das Skelett hätte demnach eine Gesamtlänge von 14

bis 16 Metern gehabt und wäre deshalb kein Leguanzahndinosaurier, sondern ohne Zweifel ein Elefantenfußdinosaurier (Sauropode) gewesen.
Der Fund habe in Münchehagen viel Staub aufgewirbelt und etliche Bürger Münchehagens hätten sich Einzelknochen des Skelettes in ihre Häuser mitgenommen. Trotz mancher Aufrufe, die fossilen Schätze aus den Kellern, von den Dachböden oder aus den Gärten zu holen und sie der Wissenschaft zu übergeben, ist bis heute kein einziger Knochen des mysteriösen Skelettes aufgetaucht.
Das erscheint seltsam, und so glauben deshalb professionelle Paläontologen heute, dass das Sauropodenskelett eine „Ente", quasi eine Art „deutsche Nessie", sei. Die spezielle Chemie bzw. Geologie der Gesteine um Münchehagen bringt es mit sich, dass in ihnen keine Körperfossilien erhalten bleiben, also auch keine Knochen. Bestenfalls hätte man Hohlräume finden können, in denen einst Knochen steckten, aber es ist mehr als unwahrscheinlich, dass die Arbeiter die Hohlräume eines gesamten Skelettes als solches erkannten.
So verlockend die Vorstellung auch sein mag, dass neben den Münchehagener Fährten auch das Skelett eines Sauropoden existierte, muss man doch von ihr Abschied nehmen und sich mit den höchst interessanten Fährtenhäufungen begnügen, die fast drei Jahrzehnte nach dem mysteriösen Skelettfund in Münchehagen zur wirklichen paläontologischen Sensation wurden.

Dinosaurierfährten auf dem Bückeberg bei Obernkirchen aus der Unterkreidezeit vor etwa 145 bis 140 Millionen Jahren.

Die Dinosaurierfährten von Obernkirchen

Im September 2007 entdeckten die Paläontologinnen Annegret Richter und Annina Böhme in einem der Steinbrüche auf dem Bückeberg bei Obernkirchen eine weitere bedeutende Fundstelle mit Dinosaurierfährten in Niedersachsen. In der Folgezeit legte man insgesamt rund 2.700 Fußabdrücke verschiedener Arten von Dinosauriern aus der Stufe Berriasium der Unterkreidezeit vor etwa 145 bis 140 Millionen Jahren frei. Sie befanden sich innerhalb des ca. 6 bis 9 Meter mächtigen Obernkirchener Sandsteins in zwei Fundhorizonten.

Laut Online-Lexikion „Wikipedia“ entdeckte man im unteren und somit älteren Fundhorizont vor allem Spuren kleinerer Raubtierfußdinosaurier (Theropoden). Als „weltweit konkurrenzlos“ bezeichnete die Paläontologin Richter die durch ihren Kollegen Torsten van der Lubbe entdeckten Fährten von „Raptoren“ („Sichelklauendinosaurier“). Die zwölf Fußabdrücke umfassende Spur gilt als die längste Raptorenfährte der Welt. Erstmals sei damit ein Raptor auch in Europa nachgewiesen worden. Als Sensation gilt eine Spuren-häufung jüngerer räuberischer Allosaurier.

Im oberen und somit jüngeren Fundhorizont überwogen Spuren von Dinosauriern in verschiedenen Altersstufen, die den Gattungen *Iguanodontipus* und cf. *Carichnium* gleichen. Sturmsande trugen dazu bei, dass die Spuren so gut erhalten sind.

Wegen der Vielzahl der Trittsiegel von unterschiedlichen Raubdinosauriern gelten die Dinosaurierfährten von Obernkirchen europaweit als einmalig. Diese Spuren belegen, dass

ihre Erzeuger im Familienverband marschierten. Anscheinend hatten die Tiere innerhalb ihrer Gruppen Sichtkontakt untereinander, was ein gewisses Sozialverhalten verrät.
Der obere Fundhorizont der Dinosaurierfährten von Obernkirchen ist öffentlich zugänglich. 2010 errichtete man Stege und Plattformen für Besucher/innen. Sie sind Teile eines vier Kilometer langen Info- und Lehrpfades, der über Dinosaurier, Steinkohlebergbau auf dem Bückeberg und den Obernkirchener Sandstein informiert.
Die aufsehenerregenden Dinosaurierfährten von Obernkirchen wurden 2011 der internationalen Fachwelt vorgestellt. Der Verein „Die Schaumburger Landschaft" veranstaltete in Obenkirchen ein Symposium mit dem Titel „Dinosaurer-Fährten in Niedersachsen". Daran nahmen Wissenschaftler aus den USA, China, Japan, Südkorea, dem Jemen, Peru, Argentinien und mehreren europäischen Ländern teil.

Literatur

BEHREND, Kristina / BEHREND, Till (2008):
Deutschlands Dinos. FOCUS-MAGAZIN, Nr. 43, München.
HILGENSTOCK, Sophie (2011): Weltweit wichtigste Dino-Forscher tagen in Niedersachsen. IN: Hannoversche Allgemeine Zeitung, 4. April 2011, Hannover.
RICHTER, Annette / STRATMANN, Uwe:
Dinosaurierspuren im Obernkirchener Sandstei. In:
Beschreibung des Geotops durch das Landesamt für Bergbau, Energie und Geologie
SCHAUMBURGER ZEITUNG (2010): Lehrpfade rund um die Dinosaurierspuren eröffent
WIKIPEDIA (Online-Lexikon): Dinosaurierfährten von Obernkirchen https://de.wikipedia.org/wiki/
Dinosaurerfährten_von_Obernkirchen

Dinosaurier in Deutschland

1834: Entdeckung des ersten Dinosauriers *(Plateosaurus engelhardti)* in Franken

1837: Hermann von Meyer beschreibt *Plateosaurus engelhardti* aus Franken

um 1840: Wilhelm Dunker entdeckt bei Obernkirchen (Niedersachsen) einen Zahn des Leguanzahndinosauriers *Iguanodon*

1857: Hermann von Meyer beschreibt *Stenopelix valdensis* aus den Bückebergen (Niedersachsen)

1859: Andreas Wagner beschreibt *Compsognathus longipes* aus Kelheim oder Jachenhausen bei Riedenburg (Bayern)

1861: Hermann von Meyer bezeichnet eine 1860 in Solnhofen entdeckte Feder als *Archaeopteryx lithographica.* 1861 findet man bei Langenaltheim das erste Skelettexemplar eines Urvogels, den man ebenfalls *Archaeopteryx* zurechnet. *Archaeopteryx* gilt heute als Raubdinosaurier.

1879–1881: Erste Fährtenfunde in den Bückebergen und den Rehburger Bergen (Niedersachsen)

1904: Erste Knochenfunde in Trossingen (Baden-Württemberg)

1908: Friedrich von Huene beschreibt *Sellosaurus gracilis* (heute: *Plateosaurus gracilis) und Halticosaurus longotarsus* (heute: *Liliensternus liliensterni)*

1909: *Procompsognathus* wird am Nordhang des Stromberges bei Pfaffenhofen (Baden-Württemberg) entdeckt;
der Schüler Hermann Weiß entdeckt Plateosaurierknochen in Trossingen;
erste Dinosaurierskelettfunde in Halberstadt (Sachsen-Anhalt)

Riesiges Modell eines Elefantenfußdinosauriers im „Dinosaurier-Park Münchehagen" (Rehburg-Loccum). Foto: Almondix / CC BY 3.0 (via Wikimedia Commons), lizensiert unter Creative Commons-Lizenz by-3.0, https://creativecommons.org/licenses/by/3.0/legalcode

1910: Die Grabungen in Halberstadt beginnen
1911: Wichtige Fährtenfunde im Keuper Württembergs
1911–1912: Erste Trossinger Grabung
1913: Eberhard Fraas beschreibt *Procompsognathus triassicus* vom Nordhang des Stromberges bei Pfaffenhofen (Baden-Württemberg)
1921: Die Barkhausener Dinosaurierfährten (Niedersachsen) werden entdeckt
1921–1923: Zweite Trossinger Grabung
1932: Dritte Trossinger Grabung. Bei insgesamt sechs Grabungen werden Reste von fast 100 Plateosauriern geborgen
1932/1933: Hugo Rühle von Lilienstern gräbt am Großen Gleichberg in Thüringen zwei Skelette von *Plateosaurus* und zwei weitere von *Liliensternus* (früher *Halticosaurus*) aus
1934: Willi Weiss entdeckt in Franken die Fährte *Coelurosaurichnus schlauersbachensis*
1948: Die Fährte *Coelurosaurichnus (Dinosaurichnium) moeni* wird beschrieben
1950: Karl Beurlen beschreibt die Fährte *Coelurosaurichnus kehli;*
Kurt Rehnelt beschreibt die Fährten *Coelurosaurichnus schlehenbergensis* und *Coelurosaurichnus kronbergeri;*
1952: Florian Heller beschreibt die Fährte *Coelurosaurichnus metzneri*, die ab 1986 der Fährtengattung *Atreipus* zugerechnet wird
1958: Oskar Kuhn beschreibt zwei Dinosaurierfährten aus Franken: *Coelurosaurichnus ziegelangerensis* und *Coelurosaurichnus sassendorfensis*
1963: *Emausaurus* wird in einer Tongrube bei Greifswald (Mecklenburg-Vorpommern) entdeckt
1975: Erste Dinosaurierknochen aus Nehden bei Brilon

(Nordrhein-Westfalen) tauchen auf
1978: Rupert Wild beschreibt *Ohmdenosaurus liasicus* aus der Gegend von Ohmden (Baden-Württemberg)
1979: Die Münchehagener Dinosaurierfährten werden entdeckt
1979–1982: Ausgrabungen in Nehden mit großartigen Funden der Leguanzahndinosaurier *Iguanodon atherfieldensis* und *Iguanodon bernissartensis*
1982: Im Wiehengebirge (Nordrhein-Westfalen) wird ein vermeintliches Schwanzstachelfragment des Stegosauriers *Lexovisaurus* entdeckt, das 2010 als Rest des Riesenfisches *Leedsichthys* identifiziert wird;
Kurt Rehnelt beschreibt die Fährte *Coelurosaurichnus arntzeniusi*
1988: Im Stromberg bei Pfaffenhofen (Baden-Württemberg) kommt die Fährte eines *Procompsognathus* ähnelnden Raubdinosauriers samt Hautabdruck zum Vorschein
1989: In Baden-Württemberg wird anhand einer Fährte ein weiterer Raubtierfußdinosaurier (Theropode) nachgewiesen, der *Syntarsus* gleicht
1990: Der gepanzerte Dinosaurier *Emausaurus ernsti* aus einer Tongrube bei Greifswald (Mecklenburg-Vorpommern) wird von Hartmut Haubold beschrieben
1991: Neue Fährtenfunde eines großen Raubtierfuß-dinosauriers (Theropoden) in Baden-Württemberg
2004: Bei Grabungen in einem Steinbruch bei Balve im Hönnetal im nördlichen Sauerland (Nordrhein-Westfalen) werden Knochen und Zähne von einigen Dinosauriergattungen geborgen
2004: In Münchehagen (Niedersachsen) werden nahe der 1979 entdeckten alten Fundstelle weitere Dinosaurierfährten gefunden

2006: P. Martin Sander, Octávio Mateus, Thomas Laven und Nils Knötschke beschreiben den Elefantenfußdinosaurier *Europasaurus holgeri* aus dem Kalksteinbruch Langenberg bei Göttingerode (Niedersachsen). Der Artname erinnert an den Entdecker Holger Lüdtke
2006: Ursula B. Göhlich und Louis M. Chiappe beschreiben den 1998 in Schamhaupten bei Eichstätt (Bayern) entdeckten Raubdinosaurier *Juravenator starki*
2007: Die Dinosaurierfährten von Obernkirchen (Niedersachsen) werden entdeckt
2012: Oliver Rauhut, Christian Foth, Helmut Tischlinger und Mark A. Norell beschreiben den 2009 oder 2010 bei Painten unweit von Kelheim (Bayern) ausgegrabenen Raubdinosaurier *Sciurumimus albersdoerferi*
2016: Oliver Rauhut, Tom R. Hübner und Klaus-Peter Lanser beschreiben den 1998 von dem Geologen Friedrich Albat im Wiehengebirge bei Minden (Nordrhein-Westfalen) entdeckten Raubdinosaurier *Wiehenvenator albati*
2017: Oliver Rauhut und Christian Foth identifizieren ein 1855 in Jachenhausen bei Riedenburg (Bayern) geborgenes Fossil als Raubdinosaurier und nennen es *Ostromia crassipes*. Vorher galt dieser Fund, der im „Teylers Museum“ in Haarlem (Niederlande) aufbewahrt wird, als Urvogel.
2022: Ingmar Werneburg und Omar Regalado Fernandez beschrieben eine 1922 von Friedrich von Huene bei Trossingen entdeckte, *Plateosaurus* zugeschriebene und in der Paläontologischen Sammlung der Universität Tübingen aufbewahrte Hüfte als neue Gattung und Art namens *Tuebingosaurus maierfritzorum*.

Die Autoren

Ernst Probst, 1946 in Neunburg vorm Wald (Oberpfalz) geboren, war von 1973 bis 2001 verantwortlicher Redakteur bei der „Allgemeinen Zeitung“ in Mainz und betätigte sich in seiner Freizeit als Wissenschaftsautor. Ab 1977 beschäftigte er sich mit der Erdgeschichte Deutschlands, zunächst als Fossiliensammler im Mainzer Becken, später als Verfasser von Artikeln für Tages- und Wochenzeitungen in Deutschland, Österreich und der Schweiz. Die „Welt“ nannte sein 1986 erschienenes Buch „Deutschland in der Urzeit“ ein „Glanzstück deutscher Wissenschaftspublizistik“. Bis heute veröffentlichte er mehr als 450 Bücher, Taschenbücher und Broschüren aus den Themenbereichen Paläontologie, Kryptozoologie, Archäologie und Geschichte.

Raymund Windolf (1953–2010) interessierte sich bereits als Sechsjähriger für Dinosaurier. Sein Berufsleben begann er mit einer Ausbildung zum Wetterdiensttechniker (Wetterbeobachter). Von 1975 bis 1983 arbeitete er beim „Deutschen Wetterdienst". Mit ideeller und finanzieller Unterstützung seiner Ehefrau Regina Cossmann studierte er danach Zoologie, Botanik und Paläontologie. Zeitweise war er Herausgeber der Zeitschrift „DinosaurierMagazin". 1989 veröffentlichte er das „Dinosaurier-Lexikon" und 1993 zusammen mit Ernst Probst das Buch „Dinosaurier in Deutschland". Während seiner Tätigkeit für den „Dinopark Münchehagen" war er ab 1998 an der Bearbeitung von spektakulären Dinosaurierfunden aus einem Steinbruch in Niedersachsen beteiligt.

Bücher von Ernst Probst

(Auswahl)

Als Mainz noch nicht am Rhein lag
Archaeopteryx. Die Urvögel in Bayern
Der Europäische Jaguar
Der Mosbacher Löwe. Die riesige Raubkatze aus Wiesbaden
Der Rhein-Elefant. Das Schreckenstier von Eppelsheim
Der Ur-Rhein. Rheinhessen vor zehn Millionen Jahren
Deutschland im Eiszeitalter
Deutschland in der Frühbronzezeit
Deutschland in der Mittelbronzezeit
Deutschland in der Spätbronzezeit
Die Aunjetitzer Kultur in Deutschland
Die Straubinger Kultur in Deutschland
Die Singener Gruppe
Die Arbon-Kultur in Deutschland
Die Ries-Gruppe und die Neckar-Gruppe
Die Adlerberg-Kultur
Der Sögel-Wohlde-Kreis
Die nordische Bronzezeit in Deutschland
Die Hügelgräber-Kultur in Deutschland
Die ältere Bronzezeit in Nordrhein-Westfalen
Die Bronzezeit in der Lüneburger Heide
Die Stader Gruppe
Die Oldenburg-emsländische Gruppe
Die Urnenfelder-Kultur in Deutschland
Die ältere Niederrheinische Grabhügel-Kultur
Die Unstrut-Gruppe
Die Helmsdorfer Gruppe

Die Saalemündungs-Gruppe
Die Lausitzer Kultur in Deutschland
Die Dolchzahnkatze Megantereon
Die Dolchzahnkatze Smilodon
Die Säbelzahnkatze Homotherium
Die Säbelzahnkatze Machairodus
Die Schweiz in der Frühbronzezeit
Die Rhône-Kultur in der Westschweiz
Die Arbon-Kultur in der Schweiz
Die Schweiz in der Mittelbronzezeit
Die Schweiz in der Spätbronzezeit
Deutschland in der Urzeit. Von der Entstehung des Lebens bis zum Ende der Eiszeit
Deutschland in der Steinzeit. Jäger, Fischer und Bauern zwischen Nordseeküste und Alpenraum
Deutschland in der Bronzezeit. Bauern, Bronzegießer und Burgherren zwischen Nordsee und Alpen
Dinosaurier in Deutschland (zusammen mit Raymund Windolf)
Dinosaurier von A bis K. Von Abelisaurus bis zu Kritosaurus
Dinosaurier von L bis Z. Von Labocania bis zu Zupaysaurus
Dinosaurier in Bayern. Von Cetiosauriscus bis zu Sciurumimus
Der rätselhafte Spinosaurus. Leben und Werk des Forschers Ernst Stromer von Reichenbach
Plateosaurus. Der Deutsche Lindwurm (zusammen mit Raymund Windolf)
Liliensternus. Ein Raubdinosaurier aus der Triaszeit (zusammen mit Raymund Windolf)
Procompsognathus. Zwei Köpfe und eine geheimnisvolle Hand (zusammen mit Raymund Windolf)

Ohmdenosaurus. Die Echse aus Ohmden (zusammen mit Raymund Windolf)
Emausaurus. Der erste Dinosaurier aus Mecklenburg-Vorpommern (zusammen mit Raymund Windolf)
Wiehenvenator. Der Jäger des Wiehengebirges
Lexovisaurus. Kein Stegosaurier im Wiehengebirge (zusammen mit Raymund Windolf)
Barkhausen. Dinosaurierspuren an der Wand (zusammen mit Raymund Windolf)
Compsognathus. Der Zwergdinosaurier aus Bayern (zusammen mit Raymund Windolf)
Juravenator. Der Jäger des Juragebirges
Stenopelix. Papageienschnabel oder Dickschädel? (zusammen mit Raymund Windolf)
Münchehagen. Riesendinosaurier am Strand (zusammen mit Raymund Windolf)
Hermann von Meyer. Der große Naturforscher aus Frankfurt am Main
Eiszeitliche Geparde in Deutschland
Eiszeitliche Leoparden in Deutschland
Höhlenlöwen. Raubkatzen im Eiszeitalter
Johann Jakob Kaup. Der große Naturforscher aus Darmstadt
Monstern auf der Spur. Wie die Sagen über Drachen, Riesen und Einhörner entstanden
Neues vom Ur-Rhein. Interview mit dem Geologen und Paläontologen Dr. Jens Sommer
Österreich in der Frühbronzezeit
Österreich in der Mittelbronzezeit
Österreich in der Spätbronzezeit
Raub-Dinosaurier von A bis Z. Mit Zeichnungen von Dmitry Bogdanav und Nobu Tamura
Rekorde der Urmenschen. Erfindungen, Kunst und Religion

Rekorde der Urzeit. Landschaften, Pflanzen und Tiere
Säbelzahnkatzen. Von Machairodus bis zu Smilodon
Säbelzahntiger am Ur-Rhein. Machairodus und Paramachairodus
Was ist ein Menhir? Interview mit dem Mainzer Archäologen Dr. Detert Zylmann
Wer ist der kleinste Dinosaurier? Interviews mit dem Wissenschaftsautor Ernst Probst
Wer war der Stammvater der Insekten? Interview mit dem Stuttgarter Biologen und Paläontologen Dr. Günther Bechly
Kastel in der Vorzeit. Von der Jungsteinzeit bis Christi Geburt
Kostheim in der Vorzeit. Von der Jungsteinzeit bis Christi Geburt
Die Altsteinzeit. Eine Periode der Steinzeit in Europa vor etwa 1.000.000 bis 10.000 Jahren
Anno. 1.000.000. Deutschland in der älteren Altsteinzeit
Wiesbaden in der Steinzeit. Von Eiszeit-Jägern bis zu frühen Bauern
Wiesbaden vor 600.000 Jahren. Die Fossilien der Mosbach-Sande
Mainz in der Steinzeit. Von Eiszeit-Jägern bis zu frühen Bauern
Österreich in der Altsteinzeit. Vor 250.000 bis 10.000 Jahren
Anno 1.000.000. Deutschland in der älteren Altsteinzeit
Das Protoacheuléen. Eine Kulturstufe der Altsteinzeit vor etwa 1,2 Millionen bis 600.000 Jahren
Das Altacheuléen. Eine Kulturstufe der Altsteinzeit vor etwa 600.000 bis 350.000 Jahren
Das Jungacheuléen. Eine Kulturstufe der Altsteinzeit vor etwa 350.000 bis 150.000 Jahren

Das Spätacheuléen. Eine Kulturstufe der Altsteinzeit vor etwa 150.000 bis 100.000 Jahren
Die Lanze von Lehringen. Der Jahrhundertfund aus der Altsteinzeit
Das Moustérien. Die große Zeit der Neanderthaler
Das Aurignacien. Eine Kulturstufe der Altsteinzeit vor etwa 40.000 bis 31.000 Jahren
Das Gravettien. Eine Kulturstufe der Altsteinzeit vor etwa 35.000 bis 24.000 Jahren
Das Magdalénien. Eine Kultustufe der Altsteinzeit vor etwa 18.000 bis 14.000 Jahren
Die Hamburger Kultur. Eine Kulturstufe der Altsteinzeit vor etwa 15.700 bis 14.200 Jahren
Die Federmesser-Gruppen. Eine Kulturstufe der Altsteinzeit vor etwa 14.000 bis 12.800 Jahren
Das Steinzeit-Grab von Bonn-Oberkassel. Ein rätselhafter Fund aus der Zeit der Federmesser-Gruppen
Die Ahrensburger Kultur. Eine Kulturstufe der Altsteinzeit vor etwa 12.700 bis 11.650 Jahren
Die Mittelsteinzeit. Eine Periode der Steinzeit vor etwa 8.000 bis 5.000 v. Chr.
Deutschland in der Mitelsteinzeit
Die Mittelsteinzeit in Baden-Württemberg
Die Mittelsteinzeit in Bayern
Die Mittelsteinzeit in Hessen
Die Mittelsteinzeit in Niedersachsen
Die Mittelsteinzeit in Rheinland-Pfalz
Die Mittelsteinzeit in Nordrhein-Westfalen
Die Mittelsteinzeit in Thüringen, Sachsen-Anhalt, Sachsen und im südlichen Brandenburg
Die Mittelsteinzeit in Schleswig-Holstein, Mecklenburg und im nördlichen Brandenburg

Die Jungsteinzeit. Eine Periode der Steinzeit vor etwa 5.500 bis 2.300 v. Chr.
Die ersten Bauern in Deutschland. Die Linienbandkeramische Kultur (5.500 bis 4.900 v. Chr.)
Die Erteбölle-Ellerbek-Kultur. Eine Kultur der Jungsteinzeit vor etwa 5.000 bis 4.300 v. Chr.
Die Stichbandkeramik. Eine Kultur der Jungsteinzeit vor etwa 4.900 bis 4.500 v. Chr.
Die Hinkelstein-Gruppe. Eine Kulturstufe der Jungsteinzeit vor etwa 4.900 bis 4.800 v. Chr.
Die Rössener Kultur. Eine Kultur der Jungsteinzeit vor etwa 4.600 bis 4.300 v. Chr.
Die Baalberger Kultur. Eine Kultur der Jungsteinzeit vor etwa 4.300 bis 3.700 v. Chr.
Die Michelsberger Kultur. Eine Kultur der Jungsteinzeit vor etwa 4.300 bis 3.500 v. Chr.
Die Kupferzeit. Wie die ersten Metalle in Mitteleuropa bekannt wurden
Pfahlbauten in Süddeutschland. Dörfer der Jungsteinzeit und Bronzezeit an Seen, Mooren und Flüssen
Die Salzmünder Kultur. Eine Kultur der Jungsteinzeit vor etwa 3.700 bis 3.200 v. Chr.
Die Wartberg-Kultur. Eine Kultur der Jungsteinzeit vor etwa 3.500 bis 2.800 v. Chr.
Die Chamer Gruppe. Eine Kulturstufe der Jungsteinzeit vor etwa 3.500 bis 2.700 v. Chr.
Die Walternienburg-Bernburger Kultur. Eine Kultur der Jungsteinzeit vor etwa 3.200 bis 2.800 v. Chr.
Die Kugelamphoren-Kultur. Eine Kultur der Jungsteinzeit vor etwa 3.100 bis 2.700 v. Chr.
Die Schnurkeramischen Kulturen. Kulturen der Jungsteinzeit vor etwa 2.800 bis 2.400 v. Chr.

Die Glockenbecher-Kultur. Eine Kultur der Jungsteinzeit vor etwa 2.500 bis 2.200 v. Chr.
Große Kometen. Schweifsterne in Wort und Bild
Meteoriten. Die wichtigsten Funde und Krater